普通高等教育新工科人才培养地球物理学专业

# 积分变换及其应用

## Integral Transforms and Their Applications

童孝忠　郭振威　张连伟　⊙　编著

中南大学出版社
www.csupress.com.cn
·长沙·

**图书在版编目（CIP）数据**

积分变换及其应用／童孝忠，郭振威，张连伟编著.
—长沙：中南大学出版社，2022.9
普通高等教育新工科人才培养地球物理学专业"十四
五"规划教材
ISBN 978-7-5487-4703-1

Ⅰ. ①积… Ⅱ. ①童… ②郭… ③张… Ⅲ. ①积分变
换—高等学校—教材 Ⅳ. ①O177.6

中国版本图书馆 CIP 数据核字（2021）第 234425 号

**积分变换及其应用**
**JIFEN BIANHUAN JIQI YINGYONG**

童孝忠　郭振威　张连伟　编著

| | | |
|---|---|---|
| □出 版 人 | 吴湘华 | |
| □责任编辑 | 刘小沛 | |
| □封面设计 | 李芳丽 | |
| □责任印制 | 唐　曦 | |
| □出版发行 | 中南大学出版社 | |
| | 社址：长沙市麓山南路 | 邮编：410083 |
| | 发行科电话：0731-88876770 | 传真：0731-88710482 |
| □印　　装 | 湖南蓝盾彩色印务有限公司 | |

| | | | |
|---|---|---|---|
| □开　　本 | 787 mm×1092 mm 1/16 | □印张 10.5 | □字数 258 千字 |
| □版　　次 | 2022 年 9 月第 1 版 | □印次 2022 年 9 月第 1 次印刷 | |
| □书　　号 | ISBN 978-7-5487-4703-1 | | |
| □定　　价 | 48.00 元 | | |

# 内容简介

    本书全面系统地介绍了积分变换的基本概念、理论和方法。全书共分6章,主要内容包括:Fourier 变换及其应用,Laplace 变换及其应用,Z 变换及其应用和 Hankel 变换及其应用。本书在内容安排上注重理论的系统性和自包容性,同时兼顾实际应用中的各类技术问题。

    本书可作为本科生课程"复变函数与积分变换"的教材或教学参考书,也可作为研究生、科研和工程技术人员的参考用书。

# 前 言

积分变换是高等院校理工类专业学生继高等数学和复变函数之后又一门重要的数学基础课。学好积分变换不仅可以复习和巩固高等数学和复变函数的相关基础知识，而且可以为后续课程的学习和工程技术的应用打下必要的理论基础。本书是作者在多年科学实践和教学经验的基础上，为地球物理专业的大学生、研究生和科技人员学习积分变换而编著的教材或教学参考书。

全书共分 6 章。第 1 章介绍 Fourier 变换及其逆变换的基本概念，并讨论它们的若干重要性质；第 2 章讨论 Fourier 变换的应用，重点介绍了线性的微分方程、积分方程和偏微分方程的 Fourier 变换求解；第 3 章介绍 Laplace 变换及其逆变换的基本概念，以及它们的若干重要性质，并讨论 Laplace 逆变换的计算方法；第 4 章研究利用 Laplace 变换求解积分方程、微分方程和偏微分方程；第 5 章介绍 Z 变换及其逆 Z 变换的基本概念和若干重要性质，并讨论线性差分方程的 Z 变换求解方法；第 6 章重点介绍 Hankel 变换的基本概念和若干重要性质，并讨论快速 Hankel 变换数值算法及应用。

考虑到一门课程的授课时间和授课对象等因素，本书的撰写主要注意了以下几个方面：

1) 依据"课时少、内容多、应用广、实践性强"的特点，在内容编排上，尽量精简非必要的部分，着重讲解积分变换最基本的内容。注重积分变换发生、发展的自然过程，强调概念的产生过程及其所蕴含的思想方法，注重概念、定理叙述的精确性，从而在使学生获得知识的同时培养他们的推理、归纳、演绎和创新能力。

2) 对需要学生掌握的内容，做到讲解详实、深入浅出、实例引导，既为教师讲授提供较大的选择余地，又为学生自主学习提供了方便。对基本概念的引入尽可能联系实际，突出其物理意义；基础理论的推导深入浅出、循序渐进，适合地球物理专业的特点；基础方法的阐述富于启发性，使学生能举一反三、融会贯通，以期达到培养学生创新能力、提高学生基本素质的目的。

3) 作为一种有力的数学工具，积分变换广泛地应用于自然科学的众多领域，如理论物理学、空气动力学、流体力学、弹性力学、电磁学、地质学及自动控制学等。本书适当地加入积分变换方法的地球物理应用实例，以期让学生了解积分变换的实用性，并进一步巩固所学积分变换理论与方法，逐步培养学生解决实际问题的能力。

4)积分变换与 Matlab 程序设计相结合，本书采用当前最流行的数学软件 Matlab 编写了积分变换运算，以及微分方程、积分方程和差分方程的积分变换计算程序。书中所有程序均在计算机上经过调试和运行，简洁而不乏准确性。

本书读者需要具备高等数学、复变函数、常微分方程和 Matlab 语言方面的初步知识。书中有关的 Matlab 程序代码以及教材使用中的问题可以通过笔者主页 http://faculty. csu. edu. cn/xztong 或电子邮箱 csumaysnow@ csu. edu. cn 与笔者联系。

在本书编著过程中，中南大学的刘海飞老师给予了大力支持并提出了完善结构、体系方面的建议；东华理工大学的汤文武老师对本书的写作纲要提出了具体的补充与调整建议并予以鼓励。同时，特别感谢中国海洋大学的刘颖老师提出的宝贵意见，以及与其有益的讨论。

由于笔者水平有限，加上时间仓促，书中难免出现不妥之处，敬请读者批评指正。

童孝忠

2022 年 7 月于岳麓山

# 目 录

# 第 1 章　Fourier 变换

　　Fourier 变换是一种对连续时间函数的积分变换，它通过特定形式的积分建立了函数之间的对应关系，同时具有对称形式的逆变换。它既能简化计算，如求解微分方程、化卷积为乘积等，又具有明确的物理意义，因而在许多领域被广泛地应用。本章将介绍 Fourier 变换及其逆变换的基本概念，并讨论它们的若干重要性质。

## 1.1　Fourier 级数与 Fourier 积分

### 1.1.1　Fourier 级数

　　高等数学中曾介绍过，一个以 $T$ 为周期的函数 $f_T(t)$，若在 $\left[-\dfrac{T}{2}, \dfrac{T}{2}\right]$ 满足 Dirichlet 条件，即 $f_T(t)$ 在 $\left[-\dfrac{T}{2}, \dfrac{T}{2}\right]$ 上满足：

　　① 连续或只有有限个第一类间断点；

　　② 只有有限个极值点，

那么 $f_T(t)$ 在 $\left[-\dfrac{T}{2}, \dfrac{T}{2}\right]$ 上就可以展开成 Fourier 级数。在 $f_T(t)$ 的连续点处，级数的三角形式为

$$f_T(t) = \frac{a_0}{2} + \sum_{n=1}^{+\infty}(a_n\cos n\omega t + b_n \sin\cos n\omega t) \tag{1.1}$$

式中，

$$\omega = \frac{2\pi}{T},$$

$$a_0 = \frac{2}{T}\int_{-T/2}^{T/2} f_T(t)\,\mathrm{d}t,$$

$$a_n = \frac{2}{T}\int_{-T/2}^{T/2} f_T(t)\cos n\omega t\,\mathrm{d}t\ (n=1,2,3,\cdots),$$

$$b_n = \frac{2}{T}\int_{-T/2}^{T/2} f_T(t)\sin n\omega t\,\mathrm{d}t\ (n=1,2,3,\cdots)$$

　　由于正弦函数与余弦函数可以统一地由指数函数表示，因此我们可以得到另外一种更为简洁的形式。根据欧拉公式可知：

$$\cos n\omega t = \frac{\mathrm{e}^{in\omega t} + \mathrm{e}^{-in\omega t}}{2}, \ \sin n\omega t = \frac{\mathrm{e}^{in\omega t} - \mathrm{e}^{-in\omega t}}{2i},$$

此时, 式(1.1) 可改写为

$$f_T(t) = \frac{a_0}{2} + \sum_{n=1}^{+\infty} \left( a_n \frac{e^{in\omega t} + e^{-in\omega t}}{2} + b_n \frac{e^{in\omega t} - e^{-in\omega t}}{2i} \right)$$

$$= \frac{a_0}{2} + \sum_{n=1}^{+\infty} \left( \frac{a_n - ib_n}{2} e^{in\omega t} + \frac{a_n + ib_n}{2} e^{-in\omega t} \right)$$

如果令

$$c_0 = \frac{1}{T} \int_{-T/2}^{T/2} f_T(t) \, dt,$$

$$c_n = \frac{a_n - ib_n}{2} = \frac{1}{T} \left[ \int_{-T/2}^{T/2} f_T(t) \cos n\omega t \, dt - i \int_{-T/2}^{T/2} f_T(t) \sin n\omega t \, dt \right]$$

$$= \frac{1}{T} \left[ \int_{-T/2}^{T/2} f_T(t) (\cos n\omega t - i \sin n\omega t) \, dt \right]$$

$$= \frac{1}{T} \int_{-T/2}^{T/2} f_T(t) e^{-in\omega t} \, dt \ (n = 1, 2, 3, \cdots)$$

$$c_{-n} = \frac{a_n + ib_n}{2} = \frac{1}{T} \left[ \int_{-T/2}^{T/2} f_T(t) \cos n\omega t \, dt + i \int_{-T/2}^{T/2} f_T(t) \sin n\omega t \, dt \right]$$

$$= \frac{1}{T} \left[ \int_{-T/2}^{T/2} f_T(t) (\cos n\omega t + i \sin n\omega t) \, dt \right]$$

$$= \frac{1}{T} \int_{-T/2}^{T/2} f_T(t) e^{in\omega t} \, dt \ (n = 1, 2, 3, \cdots)$$

而它们可合写成一个式子:

$$c_n = \frac{1}{T} \int_{-T/2}^{T/2} f_T(t) e^{-in\omega t} \, dt \ (n = 0, \pm 1, \pm 2, \cdots) \tag{1.2}$$

这时, 式(1.1) 可写为

$$f_T(t) = c_0 + \sum_{n=1}^{+\infty} (c_n e^{in\omega t} + c_{-n} e^{-in\omega t}) = \sum_{n=-\infty}^{+\infty} c_n e^{in\omega t} \tag{1.3}$$

这就是 Fourier 级数的复指数形式, 或者写为

$$f_T(t) = \frac{1}{T} \sum_{n=-\infty}^{+\infty} \left[ \int_{-T/2}^{T/2} f_T(\tau) e^{-in\omega \tau} \, d\tau \right] e^{in\omega t} \tag{1.4}$$

**例 1.1** 将周期为 4 的函数

$$f(t) = \begin{cases} 0, & -2 < t < 0 \\ 1, & 0 < t < 2 \end{cases}$$

展开成三角形式的 Fourier 级数。

**解** 据题意有

$$a_0 = \frac{1}{2} \int_{-2}^{2} f(t) \, dt = \frac{1}{2} \left[ \int_{-2}^{0} f(t) \, dt + \int_{0}^{2} f(t) \, dt \right]$$

$$= \frac{1}{2} \left( \int_{-2}^{0} 0 \, dt + \int_{0}^{2} 1 \, dt \right)$$

$$= 1$$

$$a_n = \frac{1}{2}\int_{-2}^{2} f(t)\cos\frac{n\pi t}{2}\mathrm{d}t = \frac{1}{2}\left(\int_{-2}^{0} 0\cos\frac{n\pi t}{2}\mathrm{d}t + \int_{0}^{2} 1\cos\frac{n\pi x}{2}\mathrm{d}t\right)$$

$$= 0 + \frac{1}{n\pi}\sin\frac{n\pi t}{2}\bigg|_{0}^{2}$$

$$= 0$$

$$b_n = \frac{1}{2}\int_{-2}^{2} f(t)\sin\frac{n\pi t}{2}\mathrm{d}t = \frac{1}{2}\left(\int_{-2}^{0} 0\sin\frac{n\pi t}{2}\mathrm{d}t + \int_{0}^{2} 1\sin\frac{n\pi t}{2}\mathrm{d}t\right)$$

$$= 0 - \frac{1}{n\pi}\cos\frac{n\pi t}{2}\bigg|_{0}^{2}$$

$$= \frac{1-(-1)^n}{n\pi}$$

因此,

$$f_T(t) = \frac{1}{2} + \frac{1}{\pi}\sum_{n=1}^{+\infty} \frac{1-(-1)^n}{n}\sin\frac{n\pi t}{2}$$

$$= \frac{1}{2} + \frac{2}{\pi}\sum_{n=1}^{+\infty} \frac{1}{2n-1}\sin\frac{(2n-1)\pi t}{2}$$

**例 1.2**　将周期为 $T$ 的函数

$$f(t) = \begin{cases} 0, & -\dfrac{T}{2} < t < 0 \\[2mm] 2, & 0 < t < \dfrac{T}{2} \end{cases}$$

展开成复指数形式的 Fourier 级数。

**解**　令 $\omega = \dfrac{2\pi}{T}$, 当 $n = 0$ 时,

$$c_0 = \frac{1}{T}\int_{-T/2}^{T/2} f_T(t)\mathrm{d}t = \frac{1}{T}\int_{0}^{T/2} 2\mathrm{d}t = 1$$

当 $n \neq 0$ 时,

$$c_n = \frac{1}{T}\int_{-T/2}^{T/2} f_T(t)\mathrm{e}^{-in\omega t}\mathrm{d}t = \frac{2}{T}\int_{0}^{T/2} \mathrm{e}^{-in\omega t}\mathrm{d}t$$

$$= \frac{1}{n\pi}(\mathrm{e}^{-in\frac{\omega T}{2}} - 1) = \frac{1}{n\pi}(\mathrm{e}^{-in\pi} - 1)$$

$$= \begin{cases} 0, & n \text{ 为偶数} \\[2mm] -\dfrac{2i}{n\pi}, & n \text{ 为奇数} \end{cases}$$

因此,

$$f_T(t) = 1 + \sum_{n=-\infty}^{+\infty} \frac{-2i}{(2n-1)\pi}\mathrm{e}^{i(2n-1)\omega t}$$

## 1.1.2　Fourier 积分

通过前面的讨论, 我们知道了一个周期函数可以展开成 Fourier 级数, 那么, 对非周期函

数是否同样适合呢？下面我们来讨论非周期函数的展开问题。

任何一个非周期函数 $f(t)$ 都可以看成是由某个周期函数 $f_T(t)$ 在 $T \to +\infty$ 时转化而来的。为了说明这一点，我们作周期为 $T$ 的函数 $f_T(t)$，使其在 $\left[-\dfrac{T}{2}, \dfrac{T}{2}\right]$ 之内等于 $f(t)$，而在 $\left[-\dfrac{T}{2}, \dfrac{T}{2}\right)$ 之外按周期 $T$ 延拓到整个数轴上，如图 1.1 所示。很明显，$T$ 越大，$f_T(t)$ 与 $f(t)$ 相等的范围也越大，这表明当 $T \to +\infty$ 时，周期函数 $f_T(t)$ 可转化为 $f(t)$，即有

$$\lim_{T \to +\infty} f_T(t) = f(t)$$

这样，在式（1.4）中令 $T \to +\infty$，其结果就可以看成是 $f(t)$ 的展开式，即

$$f(t) = \lim_{T \to +\infty} f_T(t) = \lim_{T \to +\infty} \sum_{n=-\infty}^{+\infty} \left[\frac{1}{T}\int_{-T/2}^{T/2} f_T(\tau)\, e^{-in\omega\tau}\,d\tau\right] e^{in\omega t}$$

若令

$$\omega_n = n\omega \quad (n = 0, \pm 1, \pm 2, \cdots)$$

当 $n$ 取一切整数时，$\omega_n$ 所对应的点便均匀地分布在整个数轴上，如图 1.2 所示。假设两个相邻点的距离以 $\Delta\omega_n$ 表示，并由 $T = \dfrac{2\pi}{\Delta\omega_n}$，得

$$f(t) = \lim_{\Delta\omega_n \to 0} \frac{1}{2\pi} \sum_{n=-\infty}^{+\infty} \left[\int_{-T/2}^{T/2} f_T(\tau)\, e^{-i\omega_n\tau}\,d\tau\right] e^{i\omega_n t}\,\Delta\omega_n$$

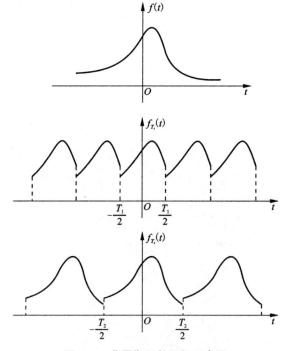

图 1.1　非周期函数延拓示意图

**图 1. 2** $\omega_n$ 均匀分布示意图

当 $t$ 固定时,$\dfrac{1}{2\pi}\left[\displaystyle\int_{-T/2}^{T/2}f_T(\tau)\,\mathrm{e}^{-\mathrm{i}\omega_n\tau}\mathrm{d}\tau\right]\mathrm{e}^{\mathrm{i}\omega_n t}$ 是参数 $\omega_n$ 的函数,记为 $\varPhi_T(\omega_n)$,即

$$\varPhi_T(\omega_n)=\frac{1}{2\pi}\left[\int_{-T/2}^{T/2}f_T(\tau)\,\mathrm{e}^{-\mathrm{i}\omega_n\tau}\mathrm{d}\tau\right]\mathrm{e}^{\mathrm{i}\omega_n t}$$

因此,

$$f(t)=\lim_{\Delta\omega_n\to 0}\frac{1}{2\pi}\sum_{n=-\infty}^{+\infty}\varPhi_T(\omega_n)\Delta\omega_n$$

很明显,当 $\Delta\omega_n\to 0$,即 $T\to +\infty$ 时,$\varPhi_T(\omega_n)\to\varPhi(\omega_n)$,这里

$$\varPhi(\omega_n)=\frac{1}{2\pi}\left[\int_{-\infty}^{+\infty}f_T(\tau)\,\mathrm{e}^{-\mathrm{i}\omega_n\tau}\mathrm{d}\tau\right]\mathrm{e}^{\mathrm{i}\omega_n t}$$

从而可以看作是 $\varPhi(\omega_n)$ 在 $(-\infty,+\infty)$ 上的积分

$$f(t)=\int_{-\infty}^{+\infty}\varPhi(\omega_n)\mathrm{d}\omega_n$$

即

$$f(t)=\int_{-\infty}^{+\infty}\varPhi(\omega)\mathrm{d}\omega$$

亦即

$$f(t)=\frac{1}{2\pi}\int_{-\infty}^{+\infty}\left[\int_{-\infty}^{+\infty}f(\tau)\,\mathrm{e}^{-\mathrm{i}\omega\tau}\mathrm{d}\tau\right]\mathrm{e}^{\mathrm{i}\omega t}\mathrm{d}\omega \tag{1.5}$$

这个公式称为函数 $f(t)$ 的 Fourier 积分公式。应该指出,上式的推导是不严格的。至于一个非周期函数 $f(t)$ 在什么条件下,可以用 Fourier 积分公式来表示,有下面的收敛定理。

**定理 1. 1**(Fourier 积分定理)   若 $f(t)$ 在 $(-\infty,+\infty)$ 上的任一有限区间满足 Dirichlet 条件,且在 $(-\infty,+\infty)$ 上绝对可积(即 $\displaystyle\int_{-\infty}^{+\infty}|f(t)|\mathrm{d}t<+\infty$),那么式(1.5)成立,而左端的 $f(t)$ 在它的间断点处应以 $\dfrac{f(t+0)+f(t-0)}{2}$ 来代替。

这个定理的条件是充分的,它的证明要用到较多的基础理论,这里从略。

式(1.5)是 $f(t)$ 的 Fourier 积分公式的复数形式,利用欧拉公式,可将它转化为三角形式。因为

$$f(t)=\frac{1}{2\pi}\int_{-\infty}^{+\infty}\left[\int_{-\infty}^{+\infty}f(\tau)\,\mathrm{e}^{-\mathrm{i}\omega\tau}\mathrm{d}\tau\right]\mathrm{e}^{\mathrm{i}\omega t}\mathrm{d}\omega$$

$$=\frac{1}{2\pi}\int_{-\infty}^{+\infty}\left[\int_{-\infty}^{+\infty}f(\tau)\,\mathrm{e}^{\mathrm{i}\omega(t-\tau)}\mathrm{d}\tau\right]\mathrm{d}\omega$$

$$= \frac{1}{2\pi}\int_{-\infty}^{+\infty}\left[\int_{-\infty}^{+\infty}f(\tau)\cos\omega(t-\tau)\mathrm{d}\tau + \mathrm{i}\int_{-\infty}^{+\infty}f(\tau)\sin\omega(t-\tau)\mathrm{d}\tau\right]\mathrm{d}\omega$$

考虑到积分 $\int_{-\infty}^{+\infty}f(\tau)\sin\omega(t-\tau)\mathrm{d}\tau$ 是 $\omega$ 的奇函数, 就有

$$\int_{-\infty}^{+\infty}\left[\iint_{-\infty}^{+\infty}f(\tau)\sin\omega(t-\tau)\mathrm{d}\tau\right]\mathrm{d}\omega = 0$$

从而

$$f(t) = \frac{1}{2\pi}\int_{-\infty}^{+\infty}\left[\iint_{-\infty}^{+\infty}f(\tau)\cos\omega(t-\tau)\mathrm{d}\tau\right]\mathrm{d}\omega \tag{1.6}$$

又考虑到积分 $\int_{-\infty}^{+\infty}f(\tau)\cos\omega(t-\tau)\mathrm{d}\tau$ 是 $\omega$ 的偶函数, 因此式(1.6) 又可写成

$$f(t) = \frac{1}{\pi}\int_{0}^{+\infty}\left[\iint_{-\infty}^{+\infty}f(\tau)\cos\omega(t-\tau)\mathrm{d}\tau\right]\mathrm{d}\omega \tag{1.7}$$

这便是 $f(t)$ 的 Fourier 积分公式的三角形式。

在实际应用中, 常常要考虑奇函数和偶函数的 Fourier 积分公式。当 $f(t)$ 为奇函数时, 利用三角函数的和差公式, 式(1.7) 可写为

$$f(t) = \frac{1}{\pi}\int_{0}^{+\infty}\left[\iint_{-\infty}^{+\infty}f(\tau)(\cos\omega t\cos\omega\tau + \sin\omega t\sin\omega\tau)\mathrm{d}\tau\right]\mathrm{d}\omega$$

由于 $f(t)$ 为奇函数, 故 $f(\tau)\cos\omega\tau$ 和 $f(\tau)\sin\omega\tau$ 分别是关于 $\tau$ 的奇函数和偶函数。因此

$$f(t) = \frac{2}{\pi}\int_{0}^{+\infty}\left[\int_{0}^{+\infty}f(\tau)\sin\omega\tau\mathrm{d}\tau\right]\sin\omega t\mathrm{d}\omega \tag{1.8}$$

当 $f(t)$ 为偶函数时, 同理可得

$$f(t) = \frac{2}{\pi}\int_{0}^{+\infty}\left[\int_{0}^{+\infty}f(\tau)\cos\omega\tau\mathrm{d}\tau\right]\cos\omega t\mathrm{d}\omega \tag{1.9}$$

式(1.8) 和式(1.9) 分别称为 Fourier 正弦积分公式和 Fourier 余弦积分公式。

特别地, 如果 $f(t)$ 仅在 $(0, +\infty)$ 上有定义, 且满足 Fourier 积分存在定理的条件, 我们可以采用类似于 Fourier 级数中的奇延拓或偶延拓的方法, 得到相应的 Fourier 正弦积分展开式或 Fourier 余弦积分展开式。

**例 1.3** 求矩形脉冲函数 $f(t) = \begin{cases} 1, & |t| < a \\ 0, & |t| > a \end{cases}$ 的 Fourier 积分表达式, 其中 $a > 0$。

**解** 根据 Fourier 积分的复数形式, 有

$$f(t) = \frac{1}{2\pi}\int_{-\infty}^{+\infty}\left[\int_{-\infty}^{+\infty}f(\tau)\mathrm{e}^{-\mathrm{i}\omega\tau}\mathrm{d}\tau\right]\mathrm{e}^{\mathrm{i}\omega t}\mathrm{d}\omega$$

$$= \frac{1}{2\pi}\int_{-\infty}^{+\infty}\left(\int_{-a}^{+a}\mathrm{e}^{-\mathrm{i}\omega\tau}\mathrm{d}\tau\right)\mathrm{e}^{\mathrm{i}\omega t}\mathrm{d}\omega$$

$$= \frac{1}{2\pi}\int_{-\infty}^{+\infty}\left(\frac{\mathrm{e}^{\omega a\mathrm{i}} - \mathrm{e}^{-\omega a\mathrm{i}}}{\omega\mathrm{i}}\right)\mathrm{e}^{\mathrm{i}\omega t}\mathrm{d}\omega$$

$$= \frac{1}{2\pi}\int_{-\infty}^{+\infty}\frac{2\sin a\omega}{\omega}\mathrm{e}^{\mathrm{i}\omega t}\mathrm{d}\omega$$

$$= \frac{1}{2\pi}\int_{-\infty}^{+\infty}\frac{2\sin a\omega}{\omega}\cos\omega t\mathrm{d}\omega + \frac{\mathrm{i}}{2\pi}\int_{-\infty}^{+\infty}\frac{2\sin a\omega}{\omega}\sin\omega t\mathrm{d}\omega$$

$$= \frac{2}{\pi} \int_0^{+\infty} \frac{\sin a\omega}{\omega} \cos \omega t \mathrm{d}\omega \ (t \neq \pm a)$$

当 $t = \pm a$ 时，$f(t)$ 应以 $\dfrac{f(\pm a + 0) + f(\pm a - 0)}{2} = \dfrac{1}{2}$ 代替。

因此，

$$f(t) = \frac{2}{\pi} \int_0^{+\infty} \frac{\sin a\omega}{\omega} \cos \omega t \mathrm{d}\omega = \begin{cases} 1, & |t| < a \\ \dfrac{1}{2}, & |t| = a \\ 0, & |t| > a \end{cases}$$

据此也可看出，利用 Fourier 积分表达式可以推证一些反常积分的结果。上式中令 $t = 0$，$a = 1$，可得著名的 Dirichlet 积分公式

$$\int_0^{+\infty} \frac{\sin\omega}{\omega} \mathrm{d}\omega = \frac{\pi}{2}$$

另外，我们分析如下积分

$$S_\mu(t) = \frac{2}{\pi} \int_0^\mu \frac{\sin a\omega}{\omega} \cos \omega t \mathrm{d}\omega$$

当 $\mu \to +\infty$ 时，$S_\mu(t) = f(t)$。根据等式 $2\sin A \cos B = \sin(A + B) + \sin(A - B)$，得

$$\begin{aligned}
S_\mu(t) &= \frac{2}{\pi} \int_0^\mu \frac{\sin a\omega}{\omega} \cos \omega t \mathrm{d}\omega \\
&= \frac{1}{\pi} \int_0^\mu \frac{\sin[\omega(a + t)]}{\omega} \mathrm{d}\omega + \frac{1}{\pi} \int_0^\mu \frac{\sin[\omega(a - t)]}{\omega} \mathrm{d}\omega \\
&= \frac{1}{\pi} \int_0^{\mu(a+t)} \frac{\sin x}{x} \mathrm{d}x + \frac{1}{\pi} \int_0^{\mu(a-t)} \frac{\sin x}{x} \mathrm{d}x \\
&= \frac{1}{\pi} \{ \mathrm{Si}[\mu(a + t)] + \mathrm{Si}[\mu(a - t)] \}
\end{aligned}$$

这里 $\mathrm{Si}(z)$ 为正弦积分函数，即 $\mathrm{Si}(z) = \dfrac{1}{\pi} \int_0^z \dfrac{\sin t}{t} \mathrm{d}t$。

取 $a = 1$，计算 $\mu$ 等于 4、16 和 128 的 $S_\mu(t)$ 函数值，其结果如图 1.3 所示。

## 1.2　Fourier 变换的概念

### 1.2.1　Fourier 变换的定义

Fourier 积分定理给出了两类函数间的一种关系，由此可以导出 Fourier 变换。

**定义 1.1**　若函数 $f(t)$ 在 $(-\infty, +\infty)$ 上满足 Fourier 积分定理的条件，则称函数

$$F(\omega) = \int_{-\infty}^{+\infty} f(t) \mathrm{e}^{-\mathrm{i}\omega t} \mathrm{d}t \tag{1.10}$$

为 $f(t)$ 的 Fourier 变换，而称函数

$$f(t) = \frac{1}{2\pi} \int_{-\infty}^{+\infty} F(\omega) \mathrm{e}^{\mathrm{i}\omega t} \mathrm{d}\omega \tag{1.11}$$

为 $F(\omega)$ 的 Fourier 逆变换。

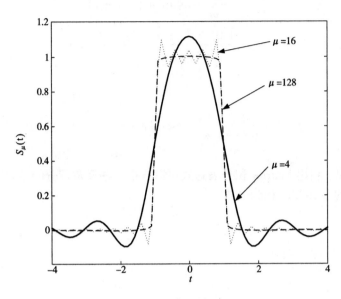

图 1.3　不同 $\mu$ 值时 $S_\mu(t) = \dfrac{2}{\pi}\displaystyle\int_0^\mu \dfrac{\sin\omega}{\omega}\cos\omega t\,\mathrm{d}\omega$ 的积分结果

因此，$f(t)$ 与 $F(\omega)$ 通过指定的积分运算可以相互表达。式(1.10)表示从 $f(t)$ 到 $F(\omega)$ 的一种积分变换关系，称为 $f(t)$ 的 Fourier 变换式，记作

$$F(\omega) = \mathcal{F}[f(t)]$$

$F(\omega)$ 叫做 $f(t)$ 的像函数。反之，式(1.11)表示从 $F(\omega)$ 到 $f(t)$ 的一种积分变换关系，称为 $F(\omega)$ 的 Fourier 逆变换式，记作

$$f(t) = \mathcal{F}^{-1}[F(\omega)]$$

$f(t)$ 叫做 $F(\omega)$ 的像原函数。

在频谱分析中，$F(\omega)$ 又称为 $f(t)$ 的频谱函数，而 $F(\omega)$ 通常是复变函数，可以写成

$$F(\omega) = |F(\omega)|\mathrm{e}^{\mathrm{i}\varphi(\omega)}$$

式中，$|F(\omega)|$ 是 $F(\omega)$ 的振幅谱；$\varphi(\omega)$ 是 $F(\omega)$ 的相位谱。通常把 $|F(\omega)|-\omega$ 与 $\varphi(\omega)-\omega$ 曲线分别称为信号的振幅频谱和相位频谱，它们都是频率 $\omega$ 的连续函数，形状上与相应周期信号频谱的包络线相似。

当 $f(t)$ 为奇函数时，从式(1.8)出发，则

$$F_s(\omega) = \int_0^{+\infty} f(t)\sin\omega t\,\mathrm{d}t \tag{1.12}$$

称为 $f(t)$ 的 Fourier 正弦变换，即

$$F_s(\omega) = \mathcal{F}_s[f(t)]$$

而

$$f(t) = \frac{2}{\pi}\int_0^{+\infty} F_s(\omega)\sin\omega t\,\mathrm{d}\omega \tag{1.13}$$

称为 $F(\omega)$ 的 Fourier 正弦逆变换，即

$$f(t) = \mathcal{F}_s^{-1}[F_s(\omega)]$$

当 $f(t)$ 为偶函数时，从式(1.9)出发，则

$$F_c(\omega) = \int_0^{+\infty} f(t)\cos\omega t\,dt \qquad (1.14)$$

称为 $f(t)$ 的 Fourier 余弦变换，即

$$F_c(\omega) = \mathcal{F}_c[f(t)]$$

而

$$f(t) = \frac{2}{\pi}\int_0^{+\infty} F_c(\omega)\cos\omega t\,d\omega \qquad (1.15)$$

称为 $F(\omega)$ 的 Fourie 余弦逆变换，即

$$f(t) = \mathcal{F}_c^{-1}[F_c(\omega)]$$

**定义 1.2**　若二元函数 $f(x, y)$ 在 $-\infty < x, y < +\infty$ 区域上绝对可积且对每个变量都满足 Fourier 变换的条件，则称函数

$$F(\omega_1, \omega_2) = \int_{-\infty}^{+\infty}\int_{-\infty}^{+\infty} f(x, y)e^{-i(\omega_1 x + \omega_2 y)}\,dx\,dy \qquad (1.16)$$

为 $f(x, y)$ 的二重 Fourier 变换，而称函数

$$f(x, y) = \frac{1}{(2\pi)^2}\int_{-\infty}^{+\infty}\int_{-\infty}^{+\infty} F(\omega_1, \omega_2)e^{i(\omega_1 x + \omega_2 y)}\,d\omega_1\,d\omega_2 \qquad (1.17)$$

为 $F(\omega_1, \omega_2)$ 的二重 Fourier 逆变换。

**例 1.4**　求矩形脉冲函数 $f(t) = \begin{cases} 1, & |t| < a \\ 0, & |t| > a \end{cases}$ 的 Fourier 变换，其中 $a > 0$。

**解**　根据 Fourier 变换的定义，有

$$F(\omega) = \mathcal{F}[f(t)] = \int_{-\infty}^{+\infty} f(t)e^{-i\omega t}\,dt$$

$$= \int_{-\infty}^{-a} 0 \cdot e^{-i\omega t}\,dt + \int_{-a}^{a} 1 \cdot e^{-i\omega t}\,dt + \int_{a}^{+\infty} 0 \cdot e^{-i\omega t}\,dt$$

$$= \frac{1}{-\omega i}e^{-i\omega t}\Big|_{-a}^{a} = \frac{e^{\omega a i} - e^{-\omega a i}}{\omega i}$$

$$= \frac{2\sin a\omega}{\omega} = 2a\frac{\sin a\omega}{a\omega} = 2a\,\mathrm{Sa}(a\omega)$$

这里的 Sa 为采样函数，其数学表现形式与辛格函数 sinc 相同。

计算振幅谱和相位谱：

$$|F(\omega)| = 2a\left|\frac{\sin a\omega}{a\omega}\right|,$$

$$\varphi(\omega) = \begin{cases} 0, & \dfrac{2n\pi}{a} < |\omega| < \dfrac{(2n+1)\pi}{a} \\[2mm] \pi, & \dfrac{(2n+1)\pi}{a} < |\omega| < \dfrac{(2n+2)\pi}{a} \end{cases} \qquad n = 0, 1, 2, \cdots$$

由洛必达法则知，

$$\lim_{\omega \to 0}\frac{\sin a\omega}{a\omega} = 1$$

因此

$$F(0) = 2a$$

因为 $F(\omega)$ 为一实函数,通常可用一条 $F(\omega)$ 曲线同时表示振幅谱及相位谱,如图 1.4 所示。

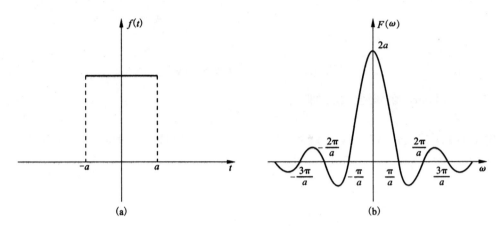

图 1.4  矩形脉冲函数波形及其频谱

**例 1.5**  求单边指数衰减函数 $f(t) = \begin{cases} \mathrm{e}^{-\alpha t}, & t > 0 \\ 0, & t < 0 \end{cases}$ ($\alpha > 0$) 的 Fourier 变换,并绘制频谱图。

**解**  根据 Fourier 变换的定义,有

$$F(\omega) = \mathcal{F}[f(t)] = \int_{-\infty}^{+\infty} f(t) \mathrm{e}^{-\mathrm{i}\omega t} \mathrm{d}t$$

$$= \int_{0}^{+\infty} \mathrm{e}^{-\alpha t} \cdot \mathrm{e}^{-\mathrm{i}\omega t} \mathrm{d}t$$

$$= \frac{1}{-(\alpha + \mathrm{i}\omega)} \mathrm{e}^{-(\alpha + \mathrm{i}\omega)t} \bigg|_{0}^{+\infty}$$

$$= \frac{1}{\alpha + \mathrm{i}\omega} = \frac{\alpha - \mathrm{i}\omega}{\alpha^2 + \omega^2}$$

其振幅谱和相位谱分别为

$$|F(\omega)| = \frac{1}{\sqrt{\alpha^2 + \omega^2}},$$

$$\varphi(\omega) = -\arctan\left(\frac{\omega}{\alpha}\right)$$

单边指数函数的波形 $f(t)$、振幅谱 $|F(\omega)|$ 及相位谱 $\varphi(\omega)$ 如图 1.5[(a)、(b) 和 (c)] 所示。

**例 1.6**  求双边奇指数函数 $f(t) = \begin{cases} \mathrm{e}^{-\alpha t}, & t > 0 \\ -\mathrm{e}^{\alpha t}, & t < 0 \end{cases}$ 的 Fourier 变换,其中 $\alpha > 0$。

**解**  根据 Fourier 变换的定义,有

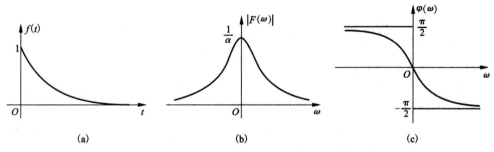

**图 1.5  单边指数函数波形及其频谱**

$$F(\omega) = \int_{-\infty}^{+\infty} f(t) e^{-i\omega t} dt$$

$$= \int_{-\infty}^{0} - e^{\alpha t} \cdot e^{-i\omega t} dt + \int_{0}^{+\infty} e^{-\alpha t} \cdot e^{-i\omega t} dt$$

$$= \frac{1}{-(\alpha - i\omega)} e^{(\alpha - i\omega)t} \Big|_{-\infty}^{0} + \frac{1}{-(\alpha + i\omega)} e^{-(\alpha + i\omega)t} \Big|_{0}^{+\infty}$$

$$= -\frac{1}{\alpha - i\omega} + \frac{1}{\alpha + i\omega}$$

$$= -i\frac{2\omega}{\alpha^2 + \omega^2}$$

其振幅谱和相位谱分别为

$$|F(\omega)| = \frac{2|\omega|}{\alpha^2 + \omega^2},$$

$$\varphi(\omega) = \begin{cases} \dfrac{\pi}{2}, & \omega < 0 \\[2mm] -\dfrac{\pi}{2}, & \omega > 0 \end{cases}$$

双边奇指数函数的波形 $f(t)$、振幅谱 $|F(\omega)|$ 及相位谱 $\varphi(\omega)$ 如图 1.6[(a)、(b) 和(c)] 所示。

**例 1.7**  已知函数 $f(t)$ 的频谱为 $F(\omega) = \dfrac{2}{i\omega}$，求 $f(t)$。

**解**  根据 Fourier 逆变换的定义，有

$$f(t) = \frac{1}{2\pi} \int_{-\infty}^{+\infty} F(\omega) e^{i\omega t} d\omega = \frac{1}{2\pi} \int_{-\infty}^{+\infty} \frac{2}{i\omega} e^{i\omega t} d\omega$$

$$= \frac{1}{\pi} \int_{-\infty}^{+\infty} \frac{i\sin\omega t}{i\omega} d\omega + \frac{1}{\pi} \int_{-\infty}^{+\infty} \frac{\cos\omega t}{i\omega} d\omega$$

$$= \frac{1}{\pi} \int_{-\infty}^{+\infty} \frac{\sin\omega t}{\omega} d\omega = \begin{cases} 1, & t > 0 \\ 0, & t = 0 \\ -1, & t < 0 \end{cases}$$

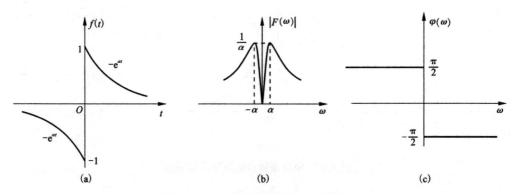

**图 1.6　双边奇指数函数波形及其频谱**

**例 1.8**　求函数 $f(t) = \begin{cases} 1, & 0 < t \leq 1 \\ 0, & t > 1 \end{cases}$ 的 Fourier 正弦变换和 Fourier 余弦变换。

**解**　根据 Fourier 正弦变换的定义，有

$$F_s(\omega) = \int_0^{+\infty} f(t)\sin\omega t \mathrm{d}t = \int_0^1 \sin\omega t \mathrm{d}t$$
$$= \frac{1 - \cos\omega}{\omega}$$

再根据 Fourier 余弦变换的定义，有

$$F_c(\omega) = \int_0^{+\infty} f(t)\cos\omega t \mathrm{d}t = \int_0^1 \cos\omega t \mathrm{d}t = \frac{\sin\omega}{\omega}$$

可以发现，在半无限区间上的同一函数 $f(t)$，其 Fourier 正弦变换和 Fourier 余弦变换的结果是不同的。

## 1.2.2　奇异函数的 Fourier 变换

奇异函数（奇异信号）是一类特殊的连续时间信号，其函数本身有不连续点（跳变点），或其函数的导数与积分有不连续点。

1. 单位冲激函数

单位冲激函数（又称 $\delta$ 函数）是由物理学家 Dirac 首先提出的，在近代物理学中有着广泛的应用。它可以用于描述物理学中的一切点量，例如点质量、点电荷、瞬时源等，物理图像清晰。在数学上，$\delta$ 函数可以当作普通函数一样进行运算，如进行微分和积分变换，甚至应用于微分方程求解，而且得到的结果和物理结论是一致的。总之，运用 $\delta$ 函数，可以为我们处理有关的数学物理问题，带来极大的便利。

我们将符合下述两个条件的函数称为 $\delta$ 函数：

$$\delta(t) = \begin{cases} 0, & t \neq 0 \\ \infty, & t = 0 \end{cases} \tag{1.18}$$

且

$$\int_{-\infty}^{+\infty} \delta(t)\,\mathrm{d}t = 1 \tag{1.19}$$

显然，$\delta$ 函数不是通常意义上的函数，并不能给出普通的数值之间的对应关系。因此，$\delta$ 函数也并不像普通的函数那样具有唯一、确定的表达式。事实上，凡是具有

$$\lim_{n \to \infty} \int_{-\infty}^{+\infty} f(t) \delta_n(t) \, \mathrm{d}t = f(0) \tag{1.20}$$

性质的函数序列 $\delta_n(t)$（见图 1.7），它们的极限都是 $\delta$ 函数。

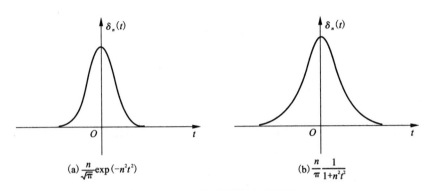

$$(a) \frac{n}{\sqrt{\pi}} \exp(-n^2 t^2) \qquad\qquad (b) \frac{n}{\pi} \frac{1}{1+n^2 t^2}$$

**图 1.7  $\delta$ 函数的逼近序列示例**

另外，$\delta(t)$ 函数还可以利用抽样函数取极限来定义，即

$$\delta(t) = \lim_{k \to \infty} \left[ \frac{k}{\pi} \mathrm{Sa}(kt) \right] \tag{1.21}$$

下面，我们不加证明地直接给出 $\delta$ 函数的几个基本性质。

**性质 1**　若 $f(t)$ 为无穷次可微的函数，则有

$$\int_{-\infty}^{+\infty} \delta(t) f(t) \, \mathrm{d}t = f(0) \tag{1.22}$$

更一般地，若 $f(t)$ 在点 $t = t_0$ 连续，则

$$\int_{-\infty}^{+\infty} \delta(t - t_0) f(t) \, \mathrm{d}t = f(t_0) \tag{1.23}$$

此性质称为筛选性质。

**性质 2**　$\delta(t)$ 函数为偶函数，即 $\delta(t) = \delta(-t)$。

**性质 3**　$\delta(t)$ 函数是单位阶跃函数的导数，即

$$\int_{-\infty}^{t} \delta(\tau) \, \mathrm{d}\tau = H(t), \quad \frac{\mathrm{d}[H(t)]}{\mathrm{d}t} = \delta(t)$$

其中 $H(t) = \begin{cases} 0, & t < 0 \\ 1, & t > 0 \end{cases}$，称为单位阶跃函数。

根据 $\delta$ 函数的定义，我们可以容易地求出 $\delta$ 函数的 Fourier 变换：

$$F(\omega) = \mathcal{F}[\delta(t)] = \int_{-\infty}^{+\infty} \delta(t) \mathrm{e}^{-\mathrm{i}\omega t} \, \mathrm{d}t = \mathrm{e}^{-\mathrm{i}\omega t}\big|_{t=0} = 1 \tag{1.24}$$

上式也可以由矩形脉冲取极限得到。通常幅度为 1、宽度为 $2a$ 的矩形脉冲以 $g_a(t)$ 表示，即 $g_a(t) = H(t+a) - H(t-a)$。由于冲激函数 $\delta(t)$ 是幅度为 1、宽度为 $2a$ 的矩形脉冲在 $a \to 0$ 时的广义极限，因此可以写为

$$\delta(t) = \lim_{a \to 0} \frac{1}{2a} g_a(t) \tag{1.25}$$

由例 1.4 知，矩形脉冲的 Fourier 变换为

$$\mathcal{F}[g_a(t)] = 2a\mathrm{Sa}(\omega a)$$

因而

$$\mathcal{F}\left[\frac{1}{2a} g_a(t)\right] = \mathrm{Sa}(\omega a)$$

所以

$$\mathcal{F}[\delta(t)] = \lim_{a \to 0} \mathrm{Sa}(\omega a) = \lim_{a \to 0} \frac{\sin(\omega a)}{\omega a} = 1$$

由以上结果可知，单位冲激函数的频谱在整个频率域内等于一个常数，就是说在整个频率域中频谱是均匀分布的，这个频谱常被称为"均匀谱"或"白色谱"，如图 1.8 所示。由此得出，$\delta(t)$ 与常数 1 构成了一个 Fourier 变换对。

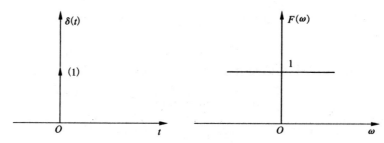

**图 1.8 单位冲激函数及其频谱**

对于式(1.24)，按照 Fourier 逆变换公式，有

$$\mathcal{F}^{-1}[1] = \frac{1}{2\pi} \int_{-\infty}^{+\infty} 1 \cdot \mathrm{e}^{\mathrm{i}\omega t} \mathrm{d}\omega = \delta(t)$$

从而可得

$$\int_{-\infty}^{+\infty} \mathrm{e}^{\mathrm{i}\omega t} \mathrm{d}\omega = 2\pi\delta(t)$$

**例 1.9** 分别求函数 $f_1(t) = \mathrm{e}^{\mathrm{i}\omega_0 t}$ 与 $f_2(t) = \cos\omega_0 t$ 的 Fourier 变换。

**解** 根据 Fourier 变换的定义，有

$$
\begin{aligned}
F_1(\omega) &= \int_{-\infty}^{+\infty} f_1(t) \mathrm{e}^{-\mathrm{i}\omega t} \mathrm{d}t = \int_{-\infty}^{+\infty} \mathrm{e}^{\mathrm{i}\omega_0 t} \mathrm{e}^{-\mathrm{i}\omega t} \mathrm{d}t \\
&= \int_{-\infty}^{+\infty} \mathrm{e}^{\mathrm{i}(\omega_0 - \omega)t} \mathrm{d}t \\
&= 2\pi\delta(\omega_0 - \omega) = 2\pi\delta(\omega - \omega_0)
\end{aligned}
$$

根据 $\cos\omega_0 t = \dfrac{\mathrm{e}^{\mathrm{i}\omega_0 t} + \mathrm{e}^{-\mathrm{i}\omega_0 t}}{2}$，则有

$$F_2(\omega) = \int_{-\infty}^{+\infty} f_2(t) \mathrm{e}^{-\mathrm{i}\omega t} \mathrm{d}t = \int_{-\infty}^{+\infty} \frac{\mathrm{e}^{\mathrm{i}\omega_0 t} + \mathrm{e}^{-\mathrm{i}\omega_0 t}}{2} \mathrm{e}^{-\mathrm{i}\omega t} \mathrm{d}t$$

$$= \int_{-\infty}^{+\infty} \frac{e^{i(\omega_0-\omega)t}}{2}dt + \int_{-\infty}^{+\infty} \frac{e^{-i(\omega_0+\omega)t}}{2}dt$$

$$= \pi\delta(\omega-\omega_0) + \pi\delta(\omega+\omega_0)$$

### 2. 单位直流信号

幅度为 1 的直流信号可表示为

$$f(t) = 1, \quad -\infty < t < +\infty$$

设 $f(t)$ 是由宽度为 $2a$ 的矩形脉冲取 $a \to +\infty$ 的极限所得[见图 1.9(a)]，于是

$$\mathcal{F}[1] = \lim_{a\to+\infty} 2a\mathrm{Sa}(\omega a) = \lim_{a\to+\infty} 2a\frac{\sin(\omega a)}{\omega a} = 2\pi\lim_{a\to+\infty}\frac{\sin(\omega a)}{\omega\pi}$$

由式(1.25)知

$$\delta(t) = \lim_{k\to+\infty}\frac{k}{\pi}\frac{\sin(kt)}{kt} = \lim_{k\to+\infty}\frac{\sin(kt)}{\pi t}$$

因此，

$$\mathcal{F}[1] = 2\pi\delta(\omega) \tag{1.26}$$

上述结果表明，直流信号的 Fourier 变换是位于 $\omega=0$ 的冲激函数。图 1.9 给出了单位直流信号及其频谱。

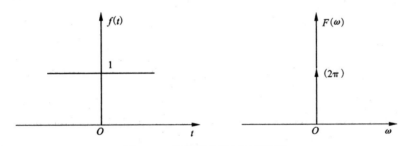

**图 1.9   单位直流信号及其频谱**

### 3. 符号函数

符号函数定义为

$$\mathrm{sgn}(t) = \begin{cases} -1, & t<0 \\ 1, & t>0 \end{cases}$$

若将 $\mathrm{sgn}(t)$ 看成是例 1.6 表示的双边奇指数函数当 $\alpha\to0$ 时的极限，则有

$$\mathcal{F}[\mathrm{sgn}(t)] = \lim_{\alpha\to0}\frac{-i2\omega}{\alpha^2+\omega^2} = \frac{2}{i\omega} \tag{1.27}$$

其振幅谱和相位谱为

$$|F(\omega)| = \frac{2}{|\omega|},$$

$$\varphi(\omega) = \begin{cases} \dfrac{\pi}{2}, & \omega<0 \\ -\dfrac{\pi}{2}, & \omega>0 \end{cases}$$

图 1.10 给出了 sgn($t$) 的波形及其振幅频谱 $|F(\omega)|$。

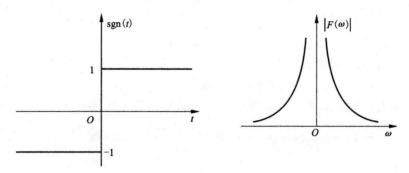

**图 1.10 符号函数的波形及其振幅频谱**

### 4. 单位阶跃函数

单位阶跃函数定义为

$$H(t) = \begin{cases} 0, & t < 0 \\ 1, & t > 0 \end{cases}$$

我们可以将单位阶跃函数看作直流信号与符号函数的叠加，即

$$H(t) = \frac{1}{2} + \frac{1}{2}\mathrm{sgn}(t)$$

两边进行 Fourier 变换，则有

$$\mathcal{F}[H(t)] = \mathcal{F}\left(\frac{1}{2}\right) + \mathcal{F}\left[\frac{1}{2}\mathrm{sgn}(t)\right]$$

由式(1.26)和式(1.27)可得

$$\mathcal{F}[H(t)] = \pi\delta(\omega) + \frac{1}{\mathrm{i}\omega} \tag{1.28}$$

图 1.11 给出了 $H(t)$ 的波形及其振幅频谱 $|F(\omega)|$。可以看出，在 $H(t)$ 的频谱中除了包含在 $\omega = 0$ 处的冲激函数外，还有许多高频分量。

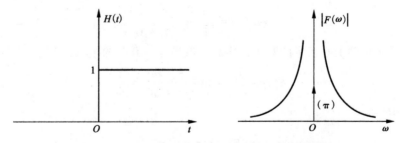

**图 1.11 单位阶跃函数 $H(t)$ 的波形及其振幅频谱**

和前述单位直流信号一样，$H(t)$ 并不满足绝对可积条件，但它的 Fourier 变换仍然存在，这是由于在 Fourier 变换中引入了冲激函数。

## 1.3　Fourier 变换的性质

### 1.3.1　基本性质

为了叙述方便，假定在这些性质中，凡是需要 Fourier 变换的函数都满足 Fourier 积分定理中的条件。在证明这些性质时，不再重述这些条件，希望读者注意。

1. 线性性质

设 $F_1(\omega) = \mathcal{F}[f_1(t)]$，$F_2(\omega) = \mathcal{F}[f_2(t)]$，$a_1$，$a_2$ 为任意常数，则

$$\mathcal{F}[a_1 f_1(t) + a_2 f_2(t)] = a_1 \mathcal{F}[f_1(t)] + a_2 \mathcal{F}[f_2(t)] \tag{1.29}$$

$$\mathcal{F}^{-1}[a_1 F_1(\omega) + a_2 F_2(\omega)] = a_1 \mathcal{F}^{-1}[F_1(\omega)] + a_2 \mathcal{F}^{-1}[F_2(\omega)] \tag{1.30}$$

这个性质表示，Fourier 变换及其逆变换都是线性变换。根据 Fourier 变换的定义容易证明这个性质，留给读者作为练习。

2. 时移性质

设 $f(t)$ 为任意函数，$t_0$ 为任意常数，且 $F(\omega) = \mathcal{F}[f(t)]$，则

$$\mathcal{F}[f(t \pm t_0)] = \mathrm{e}^{\pm \mathrm{i}\omega t_0} \mathcal{F}[f(t)] = \mathrm{e}^{\pm \mathrm{i}\omega t_0} F(\omega) \tag{1.31}$$

**证**　由 Fourier 变换的定义有

$$\mathcal{F}[f(t - t_0)] = \int_{-\infty}^{\infty} f(t - t_0) \mathrm{e}^{-\mathrm{i}\omega t} \mathrm{d}t$$

令 $x = t - t_0$ 并代入上式，得

$$\mathcal{F}[f(t - t_0)] = \int_{-\infty}^{+\infty} f(x) \mathrm{e}^{-\mathrm{i}\omega(x + t_0)} \mathrm{d}x$$

$$= \mathrm{e}^{-\mathrm{i}\omega t_0} \int_{-\infty}^{+\infty} f(x) \mathrm{e}^{-\mathrm{i}\omega x} \mathrm{d}x$$

$$= \mathrm{e}^{-\mathrm{i}\omega t_0} F(\omega)$$

同理可得

$$\mathcal{F}[f(t + t_0)] = \mathrm{e}^{\mathrm{i}\omega t_0} F(\omega)$$

所以结论成立。

式(1.31) 表明，若函数 $f(t)$ 沿 $t$ 轴向左或向右移动 $t_0$，则其 Fourier 变换等于 $f(t)$ 的 Fourier 变换乘以因子 $\mathrm{e}^{\mathrm{i}\omega t_0}$ 或 $\mathrm{e}^{-\mathrm{i}\omega t_0}$。

3. 频移性质

设 $f(t)$ 为任意函数，$\omega_0$ 为任意常数，且 $F(\omega) = \mathcal{F}[f(t)]$，则

$$\mathcal{F}^{-1}[F(\omega \mp \omega_0)] = \mathrm{e}^{\pm \mathrm{i}\omega_0 t} f(t) \tag{1.32}$$

**证**　由 Fourier 变换的定义有

$$\mathcal{F}[\mathrm{e}^{-\mathrm{i}\omega_0 t} f(t)] = \int_{-\infty}^{\infty} f(t) \mathrm{e}^{-\mathrm{i}\omega_0 t} \mathrm{e}^{-\mathrm{i}\omega t} \mathrm{d}t$$

$$= \int_{-\infty}^{\infty} f(t) \mathrm{e}^{-\mathrm{i}(\omega + \omega_0)t} \mathrm{d}t$$

$$= F(\omega + \omega_0)$$

即

$$\mathcal{F}^{-1}[F(\omega + \omega_0)] = e^{-i\omega_0 t}f(t)$$

同理可以证明

$$\mathcal{F}^{-1}[F(\omega - \omega_0)] = e^{i\omega_0 t}f(t)$$

所以结论成立。

式(1.32)表明:若频谱函数 $F(\omega)$ 沿 $\omega$ 轴向左或向右移动 $\omega_0$,则其 Fourier 逆变换等于时间函数 $f(t)$ 乘以因子 $e^{-i\omega_0 t}$ 或 $e^{i\omega_0 t}$。

利用这一特性,正弦及余弦信号的 Fourier 变换很容易求得。根据欧拉公式有

$$\sin\omega_0 t = \frac{1}{2i}(e^{i\omega_0 t} - e^{-i\omega_0 t}),$$

$$\cos\omega_0 t = \frac{1}{2}(e^{i\omega_0 t} + e^{-i\omega_0 t})$$

由式(1.26)及 Fourier 变换的频移特性,得

$$\mathcal{F}[\sin\omega_0 t] = i\pi[\delta(\omega + \omega_0) - \delta(\omega - \omega_0)],$$

$$\mathcal{F}[\cos\omega_0 t] = \pi[\delta(\omega + \omega_0) + \delta(\omega - \omega_0)]$$

**例 1.10** 求函数 $f(t) = g_a(t)\cos\omega_0 t$ 的 Fourier 变换,其中 $g_a(t)$ 为矩形脉冲函数,即 $g_a(t) = H(t + a) - H(t - a)$。

**解** 已知矩形脉冲 $g_a(t)$ 的频谱函数 $G(\omega)$ 为

$$G(\omega) = \mathcal{F}[g_a(t)] = 2a\text{Sa}(\omega a)$$

根据 Fourier 变换的频移特性,有

$$\mathcal{F}[g_a(t)\cos\omega_0 t] = \mathcal{F}\left[g_a(t)\frac{e^{i\omega_0 t} + e^{-i\omega_0 t}}{2}\right]$$

$$= \frac{1}{2}\mathcal{F}[g_a(t)e^{i\omega_0 t}] + \frac{1}{2}\mathcal{F}[g_a(t)e^{-i\omega_0 t}]$$

$$= a\text{Sa}[(\omega + \omega_0)a] + a\text{Sa}[(\omega - \omega_0)a]$$

**4. 相似性质**

设 $F(\omega) = \mathcal{F}[f(t)]$,当 $f(t)$ 经压缩或扩展为 $f(at)$($a$ 为非零常数),其 Fourier 变换为

$$\mathcal{F}[f(at)] = \frac{1}{|a|}F\left(\frac{\omega}{a}\right) \tag{1.33}$$

**证** 由 Fourier 变换的定义有

$$\mathcal{F}[f(at)] = \int_{-\infty}^{+\infty} f(at)e^{-i\omega t}dt$$

令 $x = at$,则 $dt = \frac{1}{a}dx$,代入上式可得:

当 $a > 0$ 时,

$$\mathcal{F}[f(at)] = \int_{-\infty}^{+\infty} f(x)e^{-i\omega\frac{x}{a}}\frac{1}{a}dx$$

$$= \frac{1}{a}\int_{-\infty}^{+\infty} f(x)e^{-i\omega\frac{x}{a}}dx$$

$$= \frac{1}{a}F\left(\frac{\omega}{a}\right)$$

当 $a < 0$ 时,

$$\mathcal{F}[f(at)] = \int_{+\infty}^{-\infty} f(x)\mathrm{e}^{-\mathrm{i}\omega\frac{x}{a}}\frac{1}{a}\mathrm{d}x$$

$$= -\frac{1}{a}\int_{-\infty}^{+\infty} f(x)\mathrm{e}^{-\mathrm{i}\omega\frac{x}{a}}\mathrm{d}x$$

$$= -\frac{1}{a}F\left(\frac{\omega}{a}\right)$$

综合上述两种情况,即得

$$\mathcal{F}[f(at)] = \frac{1}{|a|}F\left(\frac{\omega}{a}\right)$$

式(1.33)表明,若函数(或信号)被压缩($a > 1$),则其频谱被扩展;反之,若函数被扩展($a < 1$),则其频谱被压缩。

5. 微分性质

若 $\lim\limits_{|t| \mapsto +\infty} f(t) = 0$,则有

$$\mathcal{F}[f'(t)] = \mathrm{i}\omega\mathcal{F}[f(t)] = \mathrm{i}\omega F(\omega) \tag{1.34}$$

换句话说,函数的一阶导函数的 Fourier 变换等于该函数的 Fourier 变换乘以 $\mathrm{i}\omega$。

证　由分部积分法得

$$\mathcal{F}[f'(t)] = \int_{-\infty}^{+\infty} f'(t)\mathrm{e}^{-\mathrm{i}\omega t}\mathrm{d}t$$

$$= f(t)\mathrm{e}^{-\mathrm{i}\omega t}\Big|_{-\infty}^{\infty} + \mathrm{i}\omega\int_{-\infty}^{+\infty} f(t)\mathrm{e}^{-\mathrm{i}\omega t}\mathrm{d}t$$

$$= \mathrm{i}\omega\mathcal{F}[f(t)]$$

$$= \mathrm{i}\omega F(\omega)$$

故结论成立。

一般地,若 $\lim\limits_{|t| \mapsto +\infty} f^{(n)}(t) = 0$, $(k = 0, 1, 2, \cdots, n-1)$,则

$$\mathcal{F}[f^{(n)}(t)] = (\mathrm{i}\omega)^n\mathcal{F}[f(t)] = (\mathrm{i}\omega)^n F(\omega)$$

利用这个性质,可以通过 Fourier 变换把函数的微分运算转换成函数的代数运算,从而使得 Fourier 变换在微分方程求解中起着重要的作用。

同样,我们还能得到像函数的导数公式。设 $F(\omega) = \mathcal{F}[f(t)]$,则

$$\frac{\mathrm{d}}{\mathrm{d}\omega}F(\omega) = -\mathrm{i}\mathcal{F}[tf(t)]$$

一般地,有

$$\frac{\mathrm{d}^n}{\mathrm{d}\omega^n}F(\omega) = (-\mathrm{i})^n\mathcal{F}[t^n f(t)]$$

在实际中,常常用像函数的导数公式来计算 $\mathcal{F}[t^n f(t)]$。

**例 1.11**　已知函数 $f(t) = \begin{cases} \mathrm{e}^{-\alpha t}, & t > 0 \\ 0, & t < 0 \end{cases}$,试求 $\mathcal{F}[tf(t)]$ 及 $\mathcal{F}[t^2 f(t)]$。

**解** 根据例 1.5 知

$$F(\omega) = \mathcal{F}[f(t)] = \frac{1}{\alpha + i\omega}$$

利用像函数的导数公式，有

$$\mathcal{F}[tf(t)] = \frac{1}{-i}\frac{d}{d\omega}F(\omega) = \frac{1}{(\alpha + i\omega)^2},$$

$$\mathcal{F}[t^2f(t)] = \frac{1}{(-i)^2}\frac{d^2}{d\omega^2}F(\omega) = \frac{2}{(\alpha + i\omega)^3}$$

**6. 积分性质**

设 $F(\omega) = \mathcal{F}[f(t)]$，则

$$\mathcal{F}\left[\int_{-\infty}^{t} f(\xi)\,d\xi\right] = \pi F(0)\delta(\omega) + \frac{1}{i\omega}F(\omega) \tag{1.35}$$

**证** 由 Fourier 变换的定义有

$$\mathcal{F}\left[\int_{-\infty}^{t} f(\xi)\,d\xi\right] = \int_{-\infty}^{+\infty}\left[\int_{-\infty}^{t} f(\xi)\,d\xi\right]e^{-i\omega t}\,dt$$

$$= \int_{-\infty}^{+\infty}\left[\int_{-\infty}^{+\infty} f(\xi)H(t-\xi)\,d\xi\right]e^{-i\omega t}\,dt$$

变换积分次序，考虑到阶跃函数 $H(t-\xi)$ 的频谱函数为

$$\mathcal{F}[H(t-\xi)] = \left[\pi\delta(\omega) + \frac{1}{i\omega}\right]e^{-i\omega\xi}$$

于是

$$\mathcal{F}\left[\int_{-\infty}^{t} f(\xi)\,d\xi\right] = \int_{-\infty}^{+\infty} f(\xi)\left[\int_{-\infty}^{+\infty} H(t-\xi)e^{-i\omega t}\,dt\right]d\xi$$

$$= \int_{-\infty}^{+\infty} f(\xi)\pi\delta(\omega)e^{-i\omega\xi}\,d\xi + \int_{-\infty}^{+\infty} f(\xi)\frac{1}{i\omega}e^{-i\omega\xi}\,d\xi$$

$$= \pi\delta(\omega)F(\omega) + \frac{1}{i\omega}F(\omega)$$

$$= \pi\delta(\omega)F(0) + \frac{1}{i\omega}F(\omega)$$

若 $F(0) = 0$，则

$$\mathcal{F}\left[\int_{-\infty}^{t} f(\xi)\,d\xi\right] = \frac{1}{i\omega}F(\omega) \tag{1.36}$$

式(1.36)表明，一个函数积分后的 Fourier 变换等于这个函数的 Fourier 变换除以因子 $i\omega$。

**例 1.12** 已知函数 $f(t) = \begin{cases} 1, & |t| < a \\ 0, & |t| > a \end{cases}$，试求 $y(t) = \int_{-\infty}^{t} f(\xi)\,d\xi$ 的频谱函数 $Y(\omega)$。

**解** 根据例 1.4 知

$$F(\omega) = \mathcal{F}[f(t)] = 2a\mathrm{Sa}(a\omega)$$

因为 $F(0) = 2a$，由式(1.35)的积分性质得

$$Y(\omega) = \mathcal{F}[y(t)] = \pi F(0)\delta(\omega) + \frac{1}{i\omega}F(\omega)$$

$$= 2a\pi\delta(\omega) + \frac{2a}{\mathrm{i}\omega}\mathrm{Sa}(a\omega)$$

7. Parseval 等式

设 $F(\omega) = \mathcal{F}[f(t)]$，则有

$$\int_{-\infty}^{+\infty}[f(t)]^2\mathrm{d}t = \frac{1}{2\pi}\int_{-\infty}^{+\infty}|F(\omega)|^2\mathrm{d}\omega \tag{1.37}$$

**证**　由 $F(\omega) = \mathcal{F}[f(t)] = \int_{-\infty}^{+\infty}f(t)\mathrm{e}^{-\mathrm{i}\omega t}\mathrm{d}t$，有

$$\overline{F(\omega)} = \int_{-\infty}^{+\infty}f(t)\mathrm{e}^{\mathrm{i}\omega t}\mathrm{d}t$$

其中 $\overline{F(\omega)}$ 为 $F(\omega)$ 的共轭函数。所以

$$\begin{aligned}
\frac{1}{2\pi}\int_{-\infty}^{+\infty}|F(\omega)|^2\mathrm{d}\omega &= \frac{1}{2\pi}\int_{-\infty}^{+\infty}F(\omega)\overline{F(\omega)}\mathrm{d}\omega\\
&= \frac{1}{2\pi}\int_{-\infty}^{+\infty}F(\omega)\left[\int_{-\infty}^{+\infty}f(t)\mathrm{e}^{\mathrm{i}\omega t}\mathrm{d}t\right]\mathrm{d}\omega\\
&= \int_{-\infty}^{+\infty}f(t)\left[\frac{1}{2\pi}\int_{-\infty}^{+\infty}F(\omega)\mathrm{e}^{\mathrm{i}\omega t}\mathrm{d}\omega\right]\mathrm{d}t\\
&= \int_{-\infty}^{+\infty}[f(t)]^2\mathrm{d}t
\end{aligned}$$

利用 Parseval 等式可以计算某些积分的数值。

**例 1.13**　求积分 $\int_{-\infty}^{+\infty}\frac{\sin^2 ax}{x^2}\mathrm{d}x$ 的值。

**解**　根据例 1.4 可知矩形脉冲函数

$$f(t) = \begin{cases} 1, & |t| < a \\ 0, & |t| > a \end{cases} \quad (a > 0)$$

所对应的像函数为 $F(\omega) = 2a\mathrm{Sa}(a\omega) = 2\dfrac{\sin a\omega}{\omega}$。由 Parseval 等式 (1.37) 得

$$\int_{-\infty}^{+\infty}\left(2\frac{\sin a\omega}{\omega}\right)^2\mathrm{d}\omega = 2\pi\int_{-a}^{a}1^2\mathrm{d}t = 4a\pi$$

所以，

$$\int_{-\infty}^{+\infty}\frac{\sin^2 ax}{x^2}\mathrm{d}x = \int_{-\infty}^{+\infty}\frac{\sin^2 a\omega}{\omega^2}\mathrm{d}\omega = a\pi$$

另外，考虑到被积函数 $\dfrac{\sin^2 ax}{x^2}$ 为偶函数，可得

$$\int_{0}^{+\infty}\frac{\sin^2 ax}{x^2}\mathrm{d}x = \frac{a\pi}{2}$$

由此可知，当此类积分的被积函数为 $[\varphi(x)]$ 时，取 $\varphi(x)$ 为像函数或像原函数都可以求得积分的结果。

### 1.3.2 卷积与卷积定理

1. 卷积

如果 $f_1(t)$ 与 $f_2(t)$ 都满足 Fourier 变换条件，则它们的卷积定义为

$$f_1(t) * f_2(t) = \int_{-\infty}^{+\infty} f_1(\xi) f_2(t - \xi) \mathrm{d}\xi \tag{1.38}$$

由卷积的定义，易得到卷积有如下性质：

(1) 交换律

$$f_1(t) * f_2(t) = f_2(t) * f_1(t)$$

(2) 结合律

$$f_1(t) * [f_2(t) * f_3(t)] = [f_1(t) * f_2(t)] * f_3(t)$$

(3) 分配律

$$f_1(t) * [f_2(t) \pm f_3(t)] = [f_1(t) * f_2(t)] \pm [f_1(t) * f_3(t)]$$

**例 1.14** 求下列函数的卷积：

$$f(t) = \begin{cases} \mathrm{e}^{-\alpha t}, & t > 0 \\ 0, & t < 0 \end{cases}, \quad g(t) = \begin{cases} \mathrm{e}^{-\beta t}, & t > 0 \\ 0, & t < 0 \end{cases}$$

其中 $\alpha > 0, \beta > 0$，且 $\alpha \neq \beta$。

**解** 根据卷积定义有

$$f(t) * g(t) = \int_{-\infty}^{+\infty} f(\xi) g(t - \xi) \mathrm{d}\xi$$

可以用图 1.12(a) 和图 1.12(b) 所示曲线分别来表示 $f(\xi)$ 和 $g(t - \xi)$ 的图形，当 $t < 0$ 时，$f(\xi) * g(t - \xi) = 0$；当 $t > 0$ 时，

$$f(t) * g(t) = \int_0^t f(\xi) g(t - \xi) \mathrm{d}\xi = \int_0^t \mathrm{e}^{-\alpha \xi} \mathrm{e}^{-\beta(t - \xi)} \mathrm{d}\xi$$

$$= \mathrm{e}^{-\beta t} \int_0^t \mathrm{e}^{-(\alpha - \beta)\xi} \mathrm{d}\xi$$

$$= \frac{1}{\alpha - \beta} (\mathrm{e}^{-\beta t} - \mathrm{e}^{-\alpha t})$$

综合得

$$f(t) * g(t) = \begin{cases} \dfrac{1}{\alpha - \beta} (\mathrm{e}^{-\beta t} - \mathrm{e}^{-\alpha t}), & t > 0 \\ 0, & t < 0 \end{cases}$$

2. 卷积定理

如果 $f_1(t)$、$f_2(t)$ 都满足 Fourier 积分定理中的条件，且 $\mathcal{F}[f_1(t)] = F_1(\omega)$，$\mathcal{F}[f_2(t)] = F_2(\omega)$，则

$$\mathcal{F}[f_1(t) * f_2(t)] = F_1(\omega) \cdot F_2(\omega) \tag{1.39a}$$

或

$$\mathcal{F}^{-1}[F_1(\omega) \cdot F_2(\omega)] = f_1(t) * f_2(t) \tag{1.39b}$$

**证** 由卷积和 Fourier 变换的定义出发，交换积分次序，有

$$\mathcal{F}[f_1(t) * f_2(t)] = \int_{-\infty}^{+\infty} [f_1(t) * f_2(t)] \mathrm{e}^{-\mathrm{i}\omega t} \mathrm{d}t$$

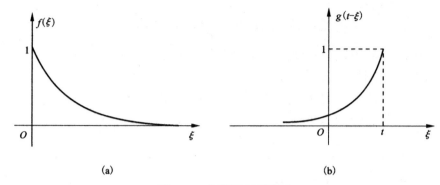

**图 1.12　函数波形示意图**

$$= \int_{-\infty}^{+\infty} \left[ \int_{-\infty}^{+\infty} f_1(\xi) f_2(t - \xi) \, d\xi \right] e^{-i\omega t} dt$$

$$= \int_{-\infty}^{+\infty} f_1(\xi) \left[ \int_{-\infty}^{+\infty} f_2(t - \xi) e^{-i\omega t} dt \right] d\xi$$

$$= \int_{-\infty}^{+\infty} f_1(\xi) \left[ \int_{-\infty}^{+\infty} f_2(t - \xi) e^{-i\omega(t-\xi)} dt \right] e^{-i\omega\xi} d\xi$$

$$= \int_{-\infty}^{+\infty} f_1(\xi) F_2(\omega) e^{-i\omega\xi} d\xi$$

$$= F_1(\omega) \cdot F_2(\omega)$$

所以

$$\mathcal{F}[f_1(t) * f_2(t)] = F_1(\omega) \cdot F_2(\omega)$$

式[1.39(a)] 和式[1.39(b)] 即称为时域卷积定理。这个性质表明，两个函数卷积的 Fourier 变换等于它们 Fourier 变换的乘积。

同理可得

$$\mathcal{F}[f_1(t) \cdot f_2(t)] = \frac{1}{2\pi} F_1(\omega) * F_2(\omega) \tag{1.40a}$$

或

$$\frac{1}{2\pi} \mathcal{F}^{-1}[F_1(\omega) * F_2(\omega)] = f_1(t) \cdot f_2(t) \tag{1.40b}$$

**证**　从 Fourier 变换及其逆变换定义出发，交换积分次序，最后根据卷积定义，有

$$\mathcal{F}[f_1(t) \cdot f_2(t)] = \int_{-\infty}^{+\infty} f_1(t) f_2(t) e^{-i\omega t} dt$$

$$= \int_{-\infty}^{+\infty} f_1(t) \left[ \frac{1}{2\pi} \int_{-\infty}^{+\infty} F_2(\tau) e^{i\tau t} d\tau \right] e^{-i\omega t} dt$$

$$= \frac{1}{2\pi} \int_{-\infty}^{+\infty} F_2(\tau) \left[ \int_{-\infty}^{+\infty} f_1(t) e^{-i(\omega-\tau)t} d\tau \right] dt$$

$$= \frac{1}{2\pi} \int_{-\infty}^{+\infty} F_2(\tau) F_1(\omega - \tau) d\tau$$

$$= \frac{1}{2\pi} F_1(\omega) * F_2(\omega)$$

所以

$$\mathcal{F}[f_1(t) \cdot f_2(t)] = \frac{1}{2\pi}F_1(\omega) * F_2(\omega)$$

式(1.40)即称为频域卷积定理。这个性质表明，两个函数乘积的 Fourier 变换，等于它们 Fourier 变换的卷积除以 $2\pi$。

**例 1.15**　设 $f(t) = e^{-\alpha t}H(t)\cos(\omega_0 t)\,(\alpha > 0)$，求 $\mathcal{F}[f(t)]$。

**解**　根据频域卷积定理，得

$$\mathcal{F}[f(t)] = \frac{1}{2\pi}\mathcal{F}[e^{-\alpha t}H(t)] * \mathcal{F}[\cos(\omega_0 t)]$$

又由例 1.5 和余弦信号的 Fourier 变换公式，可知

$$\mathcal{F}[e^{-\alpha t}H(t)] = \frac{1}{\alpha + i\omega},$$

$$\mathcal{F}[\cos(\omega_0 t)] = \pi[\delta(\omega + \omega_0) + \delta(\omega - \omega_0)]$$

因此，

$$\begin{aligned}
\mathcal{F}[f(t)] &= \frac{1}{2\pi}\int_{-\infty}^{+\infty}\frac{\pi}{\alpha + i\xi}[\delta(\omega + \omega_0 - \xi) + \delta(\omega - \omega_0 - \xi)]\mathrm{d}\xi \\
&= \frac{1}{2}\left[\frac{1}{\alpha + i(\omega + \omega_0)} + \frac{1}{\alpha + i(\omega - \omega_0)}\right] \\
&= \frac{\alpha + i\omega}{(\alpha + i\omega)^2 + \omega_0^2}
\end{aligned}$$

为了应用方便，将常见函数的 Fourier 变换公式列成一表，即所谓 Fourier 变换简表，见附录 A。

## 1.4　Fourier 变换及其逆变换的 Matlab 运算

### 1.4.1　Fourier 变换计算

Matlab 符号工具箱提供了 fourier( ) 函数来进行 Fourier 变换的计算，其调用格式为：

（1）$F = \text{fourier}(f)$：返回符号函数 $f$ 的 Fourier 变换。$f$ 的参量为默认变量 $x$，返回值 $F$ 的参量为默认变量 $\omega$，即

$$f = f(x) \Rightarrow F = F(\omega) = \int_{-\infty}^{+\infty}f(x)e^{-i\omega x}\mathrm{d}x$$

（2）$F = \text{fourier}(f, v)$：返回符号函数 $f$ 的 Fourier 变换。$f$ 的参量为默认变量 $x$，返回值 $F$ 的参量为指定变量 $v$，即

$$f = f(x) \Rightarrow F = F(v) = \int_{-\infty}^{+\infty}f(x)e^{-ivx}\mathrm{d}x$$

（3）$F = \text{fourier}(f, u, v)$：返回符号函数 $f$ 的 Fourier 变换。$f$ 的参量为指定变量 $u$，返回值 $F$ 的参量为指定变量 $v$，即

$$f = f(u) \Rightarrow F = F(v) = \int_{-\infty}^{+\infty}f(u)e^{-ivu}\mathrm{d}u$$

下面，通过例子来演示 Fourier 变换的计算方法。

**例 1. 16**　求函数 $f(t) = \mathrm{e}^{-a|t|}$ 的 Fourier 变换，其中 $a > 0$。

**解**　根据 Fourier 变换的定义，有

$$F(\omega) = \mathcal{F}[f(t)] = \int_{-\infty}^{+\infty} \mathrm{e}^{-a|t|} \mathrm{e}^{-\mathrm{i}\omega t} \mathrm{d}t$$

$$= \int_{-\infty}^{0} \mathrm{e}^{(a-\mathrm{i}\omega)t} \mathrm{d}t + \int_{0}^{+\infty} \mathrm{e}^{(-a-\mathrm{i}\omega)t} \mathrm{d}t$$

$$= \frac{1}{a - \omega\mathrm{i}} \mathrm{e}^{(a-\mathrm{i}\omega)t} \Big|_{-\infty}^{0} + \frac{1}{-a - \omega\mathrm{i}} \mathrm{e}^{(-a-\mathrm{i}\omega)t} \Big|_{0}^{+\infty}$$

$$= \frac{1}{a - \omega\mathrm{i}} + \frac{1}{a + \omega\mathrm{i}}$$

$$= \frac{2a}{a^2 + \omega^2}$$

采用 Matlab 计算的脚本代码如下：

```
>> clear all;
>> syms omega t;
>> syms a positive;
>> f = exp(- a * abs(t));
>> F_omgea = fourier(f, t, omega)
F_omgea =
(2 * a)/(a^2 + omega^2)
```

**例 1. 17**　求函数 $f(t) = \begin{cases} \mathrm{e}^{-at}, & t > 0 \\ -\mathrm{e}^{at}, & t < 0 \end{cases}$ 的 Fourier 变换，其中 $a > 0$。

**解**　根据 Fourier 变换的定义，有

$$F(\omega) = \int_{-\infty}^{+\infty} f(t) \mathrm{e}^{-\mathrm{i}\omega t} \mathrm{d}t$$

$$= \int_{-\infty}^{0} -\mathrm{e}^{at} \cdot \mathrm{e}^{-\mathrm{i}\omega t} \mathrm{d}t + \int_{0}^{+\infty} \mathrm{e}^{-at} \cdot \mathrm{e}^{-\mathrm{i}\omega t} \mathrm{d}t$$

$$= -\frac{1}{a - \mathrm{i}\omega} + \frac{1}{a + \mathrm{i}\omega}$$

$$= -\mathrm{i} \frac{2\omega}{a^2 + \omega^2}$$

如果采用 Matlab 计算，需要将原函数用单位阶跃函数 $H(t)$ 来表示，即

$$f(t) = \mathrm{e}^{-at} H(t) - \mathrm{e}^{at} H(-t)$$

采用 Matlab 计算的脚本代码如下：

```
>> clear all;
>> syms omega t;
>> syms a positive;
>> f = heaviside(t) * exp(- a * t) - heaviside(- t) * exp(a * t);
>> F_omgea = fourier(f, t, omega)
```

```
F_omgea =
- 1/(a - omega * 1i) + 1/(a + omega * 1i)
>> F_omgea = simplify(F_omgea)
F_omgea =
- (omega * 2i)/(a^2 + omega^2)
```

**例 1.18**    求函数 $f(t) = H(t + a)$ 的 Fourier 变换，其中 $a > 0$。

**解**    因为

$$F(\omega) = \mathcal{F}[H(t)] = \pi\delta(\omega) + \frac{1}{i\omega}$$

再根据 Fourier 变换的时移性质，有

$$\mathcal{F}[H(t + a)] = e^{i\omega a}\mathcal{F}[H(t)] = e^{i\omega a}\left[\pi\delta(\omega) + \frac{1}{i\omega}\right]$$

采用 Matlab 计算的脚本代码如下：

```
>> clear all;
>> syms omega t;
>> syms a positive;
>> f = heaviside(t + a);
>> F_omgea = fourier(f, t, omega)
F_omgea =
exp(a * omega * 1i) * (pi * dirac(omega) - 1i/omega)
```

**例 1.19**    求函数 $f(t) = H(t + a) - H(t - a)$ 的 Fourier 变换，其中 $a > 0$。

**解**    由于

$$f(t) = H(t + a) - H(t - a) = \begin{cases} 1, & |t| < a \\ 0, & |t| > a \end{cases}$$

可知 $f(t)$ 为矩形脉冲函数，故

$$\begin{aligned}
F(\omega) = \mathcal{F}[f(t)] &= \int_{-\infty}^{+\infty} f(t) e^{-i\omega t}dt \\
&= \int_{-\infty}^{-a} 0 \cdot e^{-i\omega t}dt + \int_{-a}^{a} 1 \cdot e^{-i\omega t}dt + \int_{a}^{+\infty} 0 \cdot e^{-i\omega t}dt \\
&= \frac{1}{-\omega i}e^{-i\omega t}\Big|_{-a}^{a} = \frac{e^{\omega ai} - e^{-\omega ai}}{\omega i} \\
&= \frac{2\sin a\omega}{\omega}
\end{aligned}$$

采用 Matlab 计算的脚本代码如下：

```
>> clear all;
>> syms omega t;
>> syms a positive;
>> f = heaviside(t + a) - heaviside(t - a);
>> F_omgea = fourier(f, t, omega)
F_omgea =
```

$(\sin(a*omega) + \cos(a*omega)*1i)/omega - (-\sin(a*omega) + \cos(a*omega)*1i)/omega$

```
>> F_omgea = simplify(F_omgea)
F_omgea =
(2*sin(a*omega))/omega
```

## 1.4.2　Fourier 逆变换计算

Matlab 符号工具箱提供了 ifourier( ) 函数来进行 Fourier 逆变换的计算,其调用格式为:

(1) $f$ = ifourier($F$):返回符号函数 $F$ 的 Fourier 逆变换。$F$ 的参量为默认变量 $\omega$,返回值 $f$ 的参量为默认变量 $x$,即

$$f(x) = \frac{1}{2\pi}\int_{-\infty}^{+\infty} F(w)\,\mathrm{e}^{\mathrm{i}\omega x}\mathrm{d}\omega$$

(2) $f$ = ifourier($F$,$u$):返回符号函数 $F$ 的 Fourier 逆变换。$F$ 的参量为默认变量 $\omega$,返回值 $f$ 的参量为指定变量 $u$,即

$$f(u) = \frac{1}{2\pi}\int_{-\infty}^{+\infty} F(w)\,\mathrm{e}^{\mathrm{i}\omega u}\mathrm{d}\omega$$

(3) $f$ = ifourier($F$,$v$,$u$):返回符号函数 $F$ 的 Fourier 逆变换。$F$ 的参量为指定变量 $v$,返回值 $f$ 的参量为指定变量 $u$,即

$$f(u) = \frac{1}{2\pi}\int_{-\infty}^{+\infty} F(v)\,\mathrm{e}^{\mathrm{i}vu}\mathrm{d}v$$

下面,通过例子来演示 Fourier 逆变换的计算方法。

**例 1.20**　求函数 $F(\omega) = \pi\mathrm{e}^{-|\omega|}$ 的 Fourier 逆变换。

**解**　根据 Fourier 变换的定义,有

$$f(t) = \mathcal{F}^{-1}[F(\omega)] = \frac{1}{2\pi}\int_{-\infty}^{+\infty}\pi\mathrm{e}^{-|\omega|}\,\mathrm{e}^{\mathrm{i}\omega t}\mathrm{d}\omega$$

$$= \frac{1}{2}\int_{-\infty}^{0}\mathrm{e}^{(1+\mathrm{i}t)\omega}\mathrm{d}\omega + \frac{1}{2}\int_{a}^{+\infty}\mathrm{e}^{(-1+\mathrm{i}t)\omega}\mathrm{d}\omega$$

$$= \frac{1}{2}\Big[\frac{\mathrm{e}^{(1+\mathrm{i}t)\omega}}{1+\mathrm{i}t}\Big|_{-\infty}^{0} + \frac{\mathrm{e}^{(-1+\mathrm{i}t)\omega}}{-1+\mathrm{i}t}\Big|_{0}^{+\infty}\Big]$$

$$= \frac{1}{2}\Big(\frac{1}{1+\mathrm{i}t} - \frac{1}{-1+\mathrm{i}t}\Big) = \frac{1}{1+t^2}$$

采用 Matlab 计算的脚本代码如下:

```
>> clear all;
>> syms omega t;
>> F_omega = pi*exp(-abs(omega));
>> ft = ifourier(F_omega, omega, t)
ft =
1/(t^2 + 1)
```

**例 1. 21**　求函数 $F(\omega) = \dfrac{2}{1 + 2\mathrm{i}\omega}$ 的 Fourier 逆变换。

**解**　由于

$$F(\omega) = \frac{2}{1 + 2\mathrm{i}\omega} = \frac{1}{\dfrac{1}{2} + \mathrm{i}\omega}$$

根据例 1. 5 的结论可得

$$f(t) = \mathrm{e}^{-\frac{t}{2}} H(t)$$

或

$$f(t) = \mathrm{e}^{-\frac{t}{2}} \left[ \frac{1}{2} + \frac{1}{2}\mathrm{sgn}(t) \right]$$

采用 Matlab 计算的脚本代码如下：

```
>> clear all;
>> syms omega t;
>> F_omega = 2/(1 + 2 * i * omega);
>> ft = ifourier(F_omega, omega, t)
ft =
(exp(- t/2) * (sign(t) + 1))/2
```

### 1.4.3　卷积计算

根据 Fourier 变换的卷积定义，可以通过求定积分实现卷积计算。Matlab 提供的符号积分函数 int( )，既可以计算不定积分又可以计算定积分、广义积分，其定积分运算格式为

$$R = \mathrm{int}(S, v, a, b)$$

其功能为对符号对象 $S$ 中指定的符号变量 $v$，计算从 $a$ 到 $b$ 的定积分。

下面，通过例子来演示 Fourier 变换的卷积计算方法。

**例 1. 22**　求下列函数的卷积：

$$f(t) = H(t + a) - H(t - a), \quad g(t) = \mathrm{e}^{-t} H(t)$$

其中 $a > 0$。

**解**　根据卷积定义有

$$
\begin{aligned}
f(t) * g(t) &= \int_{-\infty}^{+\infty} f(\xi) g(t - \xi) \mathrm{d}\xi \\
&= \int_{-\infty}^{+\infty} \left[ H(\xi + a) - H(\xi - a) \right] \mathrm{e}^{-(t-\xi)} H(t - \xi) \mathrm{d}\xi \\
&= \int_{-a}^{a} \mathrm{e}^{-(t-\xi)} H(t - \xi) \mathrm{d}\xi \\
&= \mathrm{e}^{-t} \int_{-a}^{a} \mathrm{e}^{\xi} H(t - \xi) \mathrm{d}\xi
\end{aligned}
$$

当 $t < -a$ 时，

$$f(t) * g(t) = \mathrm{e}^{-t} \int_{-a}^{a} \mathrm{e}^{\xi} H(t - \xi) \mathrm{d}\xi = \mathrm{e}^{-t} \int_{-a}^{a} \mathrm{e}^{\xi} \cdot 0 \mathrm{d}\xi = 0$$

当 $t > a$ 时，

$$f(t) * g(t) = \mathrm{e}^{-t}\int_{-a}^{a} \mathrm{e}^{\xi} H(t - \xi)\mathrm{d}\xi = \mathrm{e}^{-t}\int_{-a}^{a} \mathrm{e}^{\xi} \cdot 1\mathrm{d}\xi = \mathrm{e}^{-(t-a)} - \mathrm{e}^{-(t+a)}$$

当 $-a < t < a$ 时，

$$f(t) * g(t) = \mathrm{e}^{-t}\int_{-a}^{a} \mathrm{e}^{\xi} H(t - \xi)\mathrm{d}\xi = \mathrm{e}^{-t}\int_{-a}^{t} \mathrm{e}^{\xi} \cdot 1\mathrm{d}\xi = 1 - \mathrm{e}^{-(t+a)}$$

综合得

$$f(t) * g(t) = \begin{cases} 0, & t < -a \\ 1 - \mathrm{e}^{-(t+a)}, & -a < t < a \\ \mathrm{e}^{-(t-a)} - \mathrm{e}^{-(t+a)}, & t > a \end{cases}$$

采用 Matlab 计算的脚本代码如下：

```
>> clear all;
>> syms f t x;
>> syms a positive;
>> f = exp(x - t) * heaviside(t - x) * (heaviside(x + a) - heaviside(x - a));
>> result = int(f, x, - inf, inf)
result =
heaviside(t - a) * (exp(a - t) - 1) - heaviside(a + t) * (exp(- a - t) - 1)
```

**例 1.23**　求函数 $\dfrac{1}{(1 + \mathrm{i}\omega)^2}$ 的 Fourier 逆变换。

**解**　因为

$$\frac{1}{(1 + \mathrm{i}\omega)^2} = \frac{1}{1 + \mathrm{i}\omega} \cdot \frac{1}{1 + \mathrm{i}\omega}$$

根据时域卷积定理有

$$\mathcal{F}^{-1}\left[\frac{1}{(1 + \mathrm{i}\omega)^2}\right] = \mathcal{F}^{-1}\left[\frac{1}{1 + \mathrm{i}\omega}\right] * \mathcal{F}^{-1}\left[\frac{1}{1 + \mathrm{i}\omega}\right]$$

而

$$\mathcal{F}^{-1}\left[\frac{1}{1 + \mathrm{i}\omega}\right] = \mathrm{e}^{-t} H(t)$$

所以

$$\mathcal{F}^{-1}\left[\frac{1}{(1 + \mathrm{i}\omega)^2}\right] = \int_{-\infty}^{+\infty} \left[\mathrm{e}^{-\xi} H(\xi)\right] \mathrm{e}^{-(t-\xi)} H(t - \xi)\mathrm{d}\xi = \int_{0}^{+\infty} \mathrm{e}^{-t} H(t - \xi)\mathrm{d}\xi$$

当 $t < 0$ 时，

$$\mathcal{F}^{-1}\left[\frac{1}{(1 + \mathrm{i}\omega)^2}\right] = \int_{0}^{+\infty} \mathrm{e}^{-t} H(t - \xi)\mathrm{d}\xi = \int_{0}^{+\infty} \mathrm{e}^{-t} \cdot 0\mathrm{d}\xi = 0$$

当 $t > 0$ 时，

$$\mathcal{F}^{-1}\left[\frac{1}{(1 + \mathrm{i}\omega)^2}\right] = \int_{0}^{+\infty} \mathrm{e}^{-t} H(t - \xi)\mathrm{d}\xi = \int_{0}^{t} \mathrm{e}^{-t} \cdot 1\mathrm{d}\xi = t\mathrm{e}^{-t}$$

综合得

$$\mathcal{F}^{-1}\left[\frac{1}{(1+i\omega)^2}\right] = te^{-t}H(t)$$

或

$$\mathcal{F}^{-1}\left[\frac{1}{(1+i\omega)^2}\right] = te^{-t}\frac{1+\text{sgn}(t)}{2}$$

采用 Matlab 计算的脚本代码如下：

```
>> clear all;
>> syms f t x;
>> f = exp(x - t) * heaviside(t - x) * exp(- x) * heaviside(x);
>> result = int(f, x, - inf, inf)
result =
(t * exp(- t) * (sign(t) + 1))/2
```

### 1.4.4　频谱图绘制

在频谱分析中，$F(\omega)$ 又称为 $f(t)$ 的频谱函数，而 $F(\omega)$ 通常是复变函数，可以写成

$$F(\omega) = |F(\omega)|e^{i\varphi(\omega)}$$

式中，$|F(\omega)|$ 是 $F(\omega)$ 的振幅谱；$\varphi(\omega)$ 是 $F(\omega)$ 的相位函数。由于是连续变化的，而作出一个函数的频谱图主要是指绘制 $|F(\omega)| - \omega$ 与 $\varphi(\omega) - \omega$ 的关系曲线。

**例 1.24**　绘制函数 $f(t) = e^{-t}H(t)$ 和 $f(at) = e^{-at}H(t)$ 的频谱图，其中 $a > 0$。

**解**　因为

$$\mathcal{F}[f(t)] = \mathcal{F}[e^{-t}H(t)] = \frac{1}{1+i\omega}$$

所以

$$\mathcal{F}[f(at)] = \mathcal{F}[e^{-at}H(t)] = \left(\frac{1}{a}\right)\frac{1}{1+i\dfrac{\omega}{a}} = \frac{1}{a+i\omega}$$

取 $a = 2$，下面给出绘制频谱图的 Matlab 脚本代码：

```
clear all;
omega = [- 10:0.01:10];
f1_omega = 1./(1 + i * omega);
f2_omega = 1./(2 + i * omega);
amplitude1 = abs(f1_omega);
amplitude2 = abs(f2_omega);
phase1 = atan2(imag(f1_omega), real(f1_omega));
phase2 = atan2(imag(f2_omega), real(f2_omega));
subplot(211)
plot(omega, amplitude1)
hold on
plot(omega, amplitude2, 'r: ')
```

```
xlabel(' \omega')
ylabel(' |F(\omega)|')
subplot(212)
plot(omega, phase1)
hold on
plot(omega, phase2, 'r:')
xlabel(' \omega')
ylabel(' \psi(\omega)')
```

程序执行结果如图 1.13 所示，其中实线代表 $f(t)$ 的频谱曲线，而虚线代表 $f(2t)$ 的频谱图。

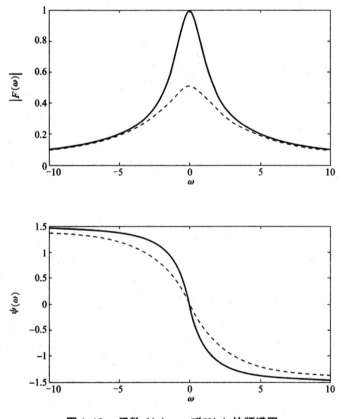

图 1.13　函数 $f(t) = e^{-at}H(t)$ 的频谱图

## 习　题

1. 求函数 $f(t) = \begin{cases} e^{2t}, & t < 0 \\ e^{-t}, & t > 0 \end{cases}$ 的 Fourier 变换，并绘制其振幅谱及相位谱。

2. 求函数 $f(t) = \begin{cases} e^{-(1+i)t}, & t > 0 \\ e^{-(1-i)t}, & t < 0 \end{cases}$ 的 Fourier 变换，并绘制其振幅谱及相位谱。

3. 求下列函数的 Fourier 变换，并证明所列的积分等式。

$(1) f(t) = \begin{cases} 1, & |t| < 1 \\ 0, & |t| > 1 \end{cases}$，证明：

$$\int_0^{+\infty} \frac{\sin\omega\cos\omega t}{\omega}\,\mathrm{d}\omega = \begin{cases} \dfrac{\pi}{2}, & |t| < 1 \\ \dfrac{\pi}{4}, & |t| = 1 \\ 0, & |t| > 1 \end{cases}$$

$(2) f(t) = \begin{cases} \sin t, & |t| < \pi \\ 0, & |t| > \pi \end{cases}$，证明：

$$\int_0^{+\infty} \frac{\sin\omega\pi\sin\omega t}{1 - \omega^2}\,\mathrm{d}\omega = \begin{cases} \dfrac{\pi}{2}\sin t, & |t| < \pi \\ 0, & |t| > \pi \end{cases}$$

4. 若 $f(t) = \begin{cases} \cos(at), & |t| < 1 \\ 0, & |t| > 1 \end{cases}$，证明：

$$F(\omega) = \frac{\sin(\omega - a)}{\omega - a} + \frac{\sin(\omega + a)}{\omega + a}$$

5. 证明：

$$\mathcal{F}[\sin(\omega_0 t)H(t)] = \frac{\omega_0}{\omega_0^2 - \omega^2} + \frac{\pi i}{2}[\delta(\omega + \omega_0) - \delta(\omega - \omega_0)]$$

6. 已知 $\mathcal{F}[e^{-bt}H(t)] = \dfrac{1}{b + i\omega}$，证明：

$$\mathcal{F}[e^{-bt}\sin(at)H(t)] = \frac{a}{(b + i\omega)^2 + a^2}$$

7. 求函数 $F(\omega) = \dfrac{1}{(1 + i\omega)(1 - 2i\omega)^2}$ 的 Fourier 逆变换，并利用 Matlab 验证计算结果。

8. 求函数 $F(\omega) = \dfrac{e^{-\omega i}}{\omega^2 + a^2}$ 的 Fourier 逆变换，其中 $a$ 为常数。

9. 求下列函数的卷积：

$$f(t) = H(t) - H(t - 2),$$
$$g(t) = e^{-t}H(-t)$$

要求：利用 Matlab 验证计算结果。

10. 证明：$e^{-t}H(t) * e^{-t}H(t) = te^{-t}H(t)$，并利用 Matlab 验证。

# 第 2 章　Fourier 变换的应用

对一个系统进行分析和研究，首先要知道该系统的数学模型，也就是要建立该系统特性的数学表达式。所谓线性系统，在许多场合下，它的数学模型可以用一个线性的微分方程、积分方程、微分积分方程乃至于偏微分方程来描述。本章主要讨论 Fourier 变换求解这类线性方程，并给出相应的 Matlab 求解程序。

## 2.1　Fourier 变换求解积分方程

考虑如下 Fredholm 积分方程：

$$\int_{-\infty}^{+\infty} f(\xi)g(t-\xi)\mathrm{d}\xi + \lambda f(t) = h(t) \qquad (2.1)$$

式中，$g(t)$ 和 $h(t)$ 为已知函数，$\lambda$ 为常数。

这里，我们讨论 Fourier 变换求解。

令

$$F(\omega) = \mathcal{F}[f(t)] = \int_{-\infty}^{+\infty} f(t)\mathrm{e}^{-\mathrm{i}\omega t}\mathrm{d}t,$$

$$G(\omega) = \mathcal{F}[g(t)] = \int_{-\infty}^{+\infty} g(t)\mathrm{e}^{-\mathrm{i}\omega t}\mathrm{d}t,$$

$$H(\omega) = \mathcal{F}[h(t)] = \int_{-\infty}^{+\infty} h(t)\mathrm{e}^{-\mathrm{i}\omega t}\mathrm{d}t_{\circ}$$

对积分方程(2.1)两端作 Fourier 变换，再根据 Fourier 变换的卷积定理，得

$$F(\omega) \cdot G(\omega) + \lambda F(\omega) = H(\omega)$$

整理后，得

$$F(\omega) = \frac{H(\omega)}{G(\omega) + \lambda}$$

由 Fourier 逆变换，可求得积分方程的解为

$$f(t) = \frac{1}{2\pi}\int_{-\infty}^{+\infty} F(\omega)\mathrm{e}^{\mathrm{i}\omega t}\mathrm{d}\omega$$

$$= \frac{1}{2\pi}\int_{-\infty}^{+\infty} \frac{H(\omega)}{G(\omega) + \lambda}\mathrm{e}^{\mathrm{i}\omega t}\mathrm{d}\omega$$

**例 2.1**　求解下列积分方程：

$$\int_{-\infty}^{+\infty} \frac{f(\xi)}{(t-\xi)^2 + a^2}\mathrm{d}\xi = \frac{1}{t^2 + b^2}, \; b > a > 0$$

**解**　令 $F(\omega) = \mathcal{F}[f(t)]$，对积分方程两端作 Fourier 变换，有

$$F(\omega) \cdot \mathcal{F}\left(\frac{1}{t^2 + a^2}\right) = \frac{\pi}{b}e^{-b|\omega|}$$

即

$$F(\omega) \cdot \frac{\pi}{a}e^{-a|\omega|} = \frac{\pi}{b}e^{-b|\omega|}$$

整理后，得

$$F(\omega) = \frac{a}{b}e^{-(b-a)|\omega|}$$

再进行 Fourier 逆变换，即得积分方程的解：

$$
\begin{aligned}
f(t) &= \frac{1}{2\pi}\int_{-\infty}^{+\infty} F(\omega)e^{i\omega t}d\omega \\
&= \frac{a}{2\pi b}\int_{-\infty}^{+\infty} e^{i\omega t - (b-a)|\omega|}d\omega \\
&= \frac{a}{2\pi b}\left[\int_{-\infty}^{0} e^{\omega(b-a+it)}d\omega + \int_{0}^{+\infty} e^{-\omega(b-a-it)}d\omega\right] \\
&= \frac{a}{2\pi b}\left[\frac{1}{(b-a)+it} + \frac{1}{(b-a)-it}\right] \\
&= \frac{a}{\pi b}\frac{b-a}{(b-a)^2 + t^2}
\end{aligned}
$$

**例 2.2** 求解下列积分方程：

$$f(t) + 4\int_{-\infty}^{+\infty} e^{-|t-\xi|}f(\xi)d\xi = e^{-|t|}$$

**解** 令 $F(\omega) = \mathcal{F}[f(t)]$，对积分方程两端作 Fourier 变换，有

$$F(\omega) + 4F(\omega) \cdot \frac{2}{1+\omega^2} = \frac{2}{1+\omega^2}$$

即

$$F(\omega) = \frac{2}{\omega^2 + 9}$$

应用 Fourier 逆变换，即得积分方程的解：

$$
\begin{aligned}
f(t) &= \frac{1}{2\pi}\int_{-\infty}^{+\infty} F(\omega)e^{i\omega t}d\omega \\
&= \frac{1}{\pi}\int_{-\infty}^{+\infty} \frac{1}{\omega^2 + 9}e^{i\omega t}d\omega
\end{aligned}
$$

当 $t > 0$ 时，因为

$$\text{Res}\left(\frac{e^{itz}}{z^2 + 9}, 3i\right) = \lim_{z \to 3i}\left[(z-3i)\frac{e^{itz}}{(z-3i)(z+3i)}\right] = \frac{e^{-3t}}{6i}$$

于是有

$$f(t) = \frac{1}{\pi} \cdot 2\pi i \cdot \frac{e^{-3t}}{6i} = \frac{1}{3}e^{-3t}$$

当 $t < 0$ 时，因为

$$\mathrm{Res}\left(\frac{\mathrm{e}^{\mathrm{i}tz}}{z^2+9},\ -3\mathrm{i}\right)=\lim_{z\to-3\mathrm{i}}\left[(z+3\mathrm{i})\frac{\mathrm{e}^{\mathrm{i}tz}}{(z-3\mathrm{i})(z+3\mathrm{i})}\right]=\frac{\mathrm{e}^{3t}}{-6\mathrm{i}}$$

所以有

$$f(t)=\frac{1}{\pi}\cdot(-2\pi\mathrm{i})\cdot\frac{\mathrm{e}^{3t}}{-6\mathrm{i}}=\frac{1}{3}\mathrm{e}^{3t}$$

故原积分方程的解为

$$f(t)=\frac{1}{3}\mathrm{e}^{-3|t|}$$

## 2.2 Fourier 变换求解常微分方程

### 2.2.1 一阶常微分方程求解

考虑一阶线性微分方程
$$y'(t)+y(t)=f(t),\ -\infty<t<+\infty \tag{2.2}$$
式中，$f(t)$ 为已知函数。

考虑到求解的区域是无界的，我们利用 Fourier 变换来求解。

(1) 进行 Fourier 变换。注意到 $t$ 的变化范围是 $(-\infty,+\infty)$，将 $y$ 关于 $t$ 进行 Fourier 变换，令

$$Y(\omega)=\mathcal{F}[y(t)]=\int_{-\infty}^{+\infty}y(t)\mathrm{e}^{-\mathrm{i}\omega t}\mathrm{d}t$$

根据 Fourier 变换的微分定理，有
$$\mathcal{F}[y'(t)]=(\mathrm{i}\omega)Y(\omega)$$

如果再记
$$\mathcal{F}[f(t)]=F(\omega)$$

于是，微分方程(2.2)变为
$$(\mathrm{i}\omega)Y(\omega)+Y(\omega)=F(\omega)$$

(2) 求解像函数的代数方程。上述代数方程的解为
$$Y(\omega)=\frac{1}{1+\mathrm{i}\omega}F(\omega)$$

(3) 对像函数取 Fourier 逆变换。为了求出微分成(2.2)的解 $y(t)$，还需对 $Y(\omega)$ 取 Fourier 逆变换，即

$$y(t)=\frac{1}{2\pi}\int_{-\infty}^{+\infty}Y(\omega)\mathrm{e}^{\mathrm{i}\omega t}\mathrm{d}\omega=\frac{1}{2\pi}\int_{-\infty}^{+\infty}\frac{1}{1+\mathrm{i}\omega}F(\omega)\mathrm{e}^{\mathrm{i}\omega t}\mathrm{d}\omega$$

令 $G(\omega)=\dfrac{1}{1+\mathrm{i}\omega}$，则

$$g(t)=\mathcal{F}^{-1}[G(\omega)]=\mathcal{F}^{-1}\left(\frac{1}{1+\mathrm{i}\omega}\right)=\mathrm{e}^{-t}H(t)$$

再根据 Fourier 变换的卷积定理，有
$$y(t)=g(t)*f(t)=[\mathrm{e}^{-t}H(t)]*f(t)$$

我们可以看出,利用 Fourier 变换法求非齐次常微分方程的解,实际上是求该方程的一个特解(particular solution)。

**例 2.3** 采用 Fourier 变换法求解下列一阶常微分方程:

$$y'(t) + y(t) = \frac{1}{2}e^{-|t|}, \quad -\infty < t < +\infty$$

**解** 令 $Y(\omega) = \mathcal{F}[y(t)]$,对微分方程两端作 Fourier 变换,有

$$i\omega Y(\omega) + Y(\omega) = \frac{1}{\omega^2 + 1}$$

整理后,得

$$Y(\omega) = \frac{1}{(\omega^2 + 1)(1 + \omega i)}$$

从而

$$y(t) = \frac{1}{2\pi}\int_{-\infty}^{+\infty} \frac{e^{it\omega}}{(\omega^2 + 1)(1 + \omega i)}d\omega$$

当 $t > 0$ 时,因为

$$\mathrm{Res}\left[\frac{e^{itz}}{(z^2 + 1)(1 + zi)}, i\right] = \lim_{z \to i}\frac{d}{dz}\left[(z - i)^2 \frac{e^{itz}}{i(z - i)^2(z + i)}\right] = \frac{te^{-t}}{2i} + \frac{e^{-t}}{4i}$$

于是有

$$y(t) = \frac{1}{2\pi} \cdot 2\pi i \cdot \left(\frac{te^{-t}}{2i} + \frac{e^{-t}}{4i}\right) = \frac{e^{-t}}{4}(2t + 1)$$

当 $t < 0$ 时,因为

$$\mathrm{Res}\left[\frac{e^{itz}}{(z^2 + 1)(1 + zi)}, -i\right] = \lim_{z \to -i}\left[(z + i) \frac{e^{itz}}{i(z - i)^2(z + i)}\right] = -\frac{e^t}{4i}$$

所以有

$$y(t) = \frac{1}{2\pi} \cdot (-2\pi i) \cdot \left(-\frac{e^t}{4i}\right) = \frac{e^t}{4}$$

故所求微分方程的特解为

$$y(t) = \frac{1}{4}e^{-|t|} + \frac{1}{2}te^{-t}H(t)$$

再根据齐次方程的通解,即可以得到非齐次常微分方程的解:

$$y(t) = Ae^{-t} + \frac{1}{4}e^{-|t|} + \frac{1}{2}te^{-t}H(t)$$

这里 $A$ 为任意常数。

## 2.2.2 二阶常微分方程求解

考虑二阶线性微分方程

$$-y''(t) + a^2y(t) = f(t), \quad -\infty < t < +\infty \tag{2.3}$$

式中,$f(t)$ 为已知函数,$a$ 为常数。

考虑到求解的区域是无界的,我们利用 Fourier 变换来求解。

（1）进行 Fourier 变换。注意到 $t$ 的变化范围是 $(-\infty, +\infty)$，将 $y$ 关于 $t$ 进行 Fourier 变换，令

$$Y(\omega) = \mathcal{F}[y(t)] = \int_{-\infty}^{+\infty} y(t) e^{-i\omega t} dt$$

根据 Fourier 变换的微分定理，有

$$\mathcal{F}[y''(t)] = (i\omega)^2 Y(\omega) = -\omega^2 Y(\omega),$$

如果再记

$$\mathcal{F}[f(t)] = F(\omega)$$

于是，微分方程(2.3)变为

$$\omega^2 Y(\omega) + a^2 Y(\omega) = F(\omega)$$

（2）求解像函数的代数方程。上述代数方程的解为

$$Y(\omega) = \frac{1}{a^2 + \omega^2} F(\omega)$$

（3）对像函数取 Fourier 逆变换。为了求出微分方程(2.3)的解 $y(t)$，还需对 $Y(\omega)$ 取 Fourier 逆变换，即

$$y(t) = \frac{1}{2\pi} \int_{-\infty}^{+\infty} Y(\omega) e^{i\omega t} d\omega = \frac{1}{2\pi} \int_{-\infty}^{+\infty} \frac{1}{a^2 + \omega^2} F(\omega) e^{i\omega t} d\omega$$

令 $G(\omega) = \dfrac{1}{a^2 + \omega^2}$，则

$$g(t) = \mathcal{F}^{-1}[G(\omega)] = \mathcal{F}^{-1}\left(\frac{1}{a^2 + \omega^2}\right) = \frac{1}{2a} e^{-a|t|}$$

再根据 Fourier 变换的卷积定理，有

$$y(t) = g(t) * f(t) = \frac{1}{2a} \int_{-\infty}^{+\infty} f(\xi) e^{-a|t-\xi|} d\xi$$

可以看出，利用 Fourier 变换法求二阶非齐次常微分方程的解，仍然是一个特解。

**例 2.4**　采用 Fourier 变换法求解下列二阶常微分方程的特解：

$$y''(t) + 3y'(t) + 2y(t) = e^{-t} H(t), \quad -\infty < t < +\infty$$

**解**　令 $Y(\omega) = \mathcal{F}[y(t)]$，对微分方程两端作 Fourier 变换，有

$$-\omega^2 Y(\omega) + 3i\omega Y(\omega) + 2Y(\omega) = \frac{1}{1 + i\omega}$$

整理后，得

$$Y(\omega) = \frac{1}{-(\omega^2 - 3i\omega - 2)(1 + i\omega)}$$

进一步可写成

$$Y(\omega) = -\frac{1}{i(\omega - 2i)(\omega - i)^2}$$

从而

$$y(t) = \frac{1}{2\pi} \int_{-\infty}^{+\infty} -\frac{e^{it\omega}}{i(\omega - 2i)(\omega - i)^2} d\omega$$

当 $t > 0$ 时，因为

$$\mathrm{Res}\Big[-\frac{\mathrm{e}^{\mathrm{i}tz}}{\mathrm{i}(z-2\mathrm{i})(z-\mathrm{i})^2},\ \mathrm{i}\Big] = \lim_{z\to\mathrm{i}}\frac{\mathrm{d}}{\mathrm{d}z}\Big[(z-\mathrm{i})^2\frac{\mathrm{e}^{\mathrm{i}tz}}{-\mathrm{i}(z-\mathrm{i})^2(z-2\mathrm{i})}\Big] = \frac{t\mathrm{e}^{-t}-\mathrm{e}^{-t}}{\mathrm{i}},$$

$$\mathrm{Res}\Big[-\frac{\mathrm{e}^{\mathrm{i}tz}}{\mathrm{i}(z-2\mathrm{i})(z-\mathrm{i})^2},\ 2i\Big] = \lim_{z\to2\mathrm{i}}(z-2\mathrm{i})\frac{\mathrm{e}^{\mathrm{i}tz}}{-\mathrm{i}(z-\mathrm{i})^2(z-2\mathrm{i})} = \frac{\mathrm{e}^{-2t}}{\mathrm{i}}$$

于是有

$$y(t)=\frac{1}{2\pi}\cdot2\pi\mathrm{i}\cdot\Big(\frac{t\mathrm{e}^{-t}-\mathrm{e}^{-t}}{\mathrm{i}}+\frac{\mathrm{e}^{-2t}}{\mathrm{i}}\Big)=(t-1)\mathrm{e}^{-t}+\mathrm{e}^{-2t}$$

当 $t<0$ 时,因为

$$\int_{-\infty}^{+\infty}-\frac{\mathrm{e}^{\mathrm{i}t\omega}}{\mathrm{i}(\omega-2\mathrm{i})(\omega-\mathrm{i})^2}\mathrm{d}\omega=0$$

所以有

$$y(t)=0$$

故所求微分方程的特解为

$$y(t)=\big[(t-1)\mathrm{e}^{-t}+\mathrm{e}^{-2t}\big]H(t)$$

## 2.3   Fourier 变换求解偏微分方程

### 2.3.1   无界域弦振动问题

无界弦自由振动问题的偏微分方程及定解条件可以描述为

$$\begin{cases}\dfrac{\partial^2 u}{\partial t^2}=a^2\dfrac{\partial^2 u}{\partial x^2},\ -\infty<x<+\infty,\ t>0 & (2.4\mathrm{a})\\[2mm] u\big|_{t=0}=\varphi(x) & (2.4\mathrm{b})\\[2mm] \dfrac{\partial u}{\partial t}\Big|_{t=0}=\varphi(x) & (2.4\mathrm{c})\end{cases}$$

这里讨论 Fourier 变换法求解。

(1) 进行 Fourier 变换。注意到 $x$ 的变化范围是 $(-\infty,\ +\infty)$,将 $u$ 关于 $x$ 进行 Fourier 变换,令

$$\mathscr{F}[u(x,\ t)]=U(\omega,\ t)=\int_{-\infty}^{+\infty}u(x,\ t)\mathrm{e}^{-\mathrm{i}\omega x}\mathrm{d}x$$

根据 Fourier 变换的微分定理,有

$$\mathscr{F}\Big(\frac{\partial^2 u}{\partial x^2}\Big)=(\mathrm{i}\omega)U(\omega,\ t)=-\omega^2 U(\omega,\ t)$$

另一方面

$$\mathscr{F}\Big(\frac{\partial u}{\partial t}\Big)=\int_{-\infty}^{+\infty}\frac{\partial u}{\partial t}\mathrm{e}^{-\mathrm{i}\omega x}\mathrm{d}x=\frac{\partial}{\partial t}\int_{-\infty}^{+\infty}u(x,\ t)\mathrm{e}^{-\mathrm{i}\omega x}\mathrm{d}x=\frac{\mathrm{d}U}{\mathrm{d}t},\ \mathscr{F}\Big(\frac{\partial^2 u}{\partial t^2}\Big)=\frac{\mathrm{d}^2 U}{\mathrm{d}t^2}$$

对其他函数也作 Fourier 变换,得

$$\mathscr{F}[\varphi(x)]=\Phi(\omega),\ \mathscr{F}[\varphi(x)]=\Psi(\omega)$$

于是,定解问题(2.4)变为

$$\begin{cases} \dfrac{\mathrm{d}^2 U}{\mathrm{d}t^2} + a^2 \omega^2 U(\omega, t) = 0 & (2.5a) \\[2mm] U(\omega, 0) = \Phi(\omega) & (2.5b) \\[2mm] \left. \dfrac{\mathrm{d}U}{\mathrm{d}t} \right|_{t=0} = \Psi(\omega) & (2.5c) \end{cases}$$

（2）求常微分方程在相应条件下的解，即求原定解问题的像函数。常微分方程(2.5a) 的通解为

$$U(\omega, t) = A\mathrm{e}^{\mathrm{i}\omega at} + B\mathrm{e}^{-\mathrm{i}\omega at} \tag{2.6}$$

利用条件(2.5b) 和(2.5c) 得

$$\begin{cases} A + B = \Phi(\omega) \\ \mathrm{i}\omega aA - \mathrm{i}\omega aB = \Psi(\omega) \end{cases}$$

因此得到

$$A = \frac{1}{2}\Big[\Phi(\omega) + \frac{1}{\mathrm{i}\omega a}\Psi(\omega)\Big], \quad B = \frac{1}{2}\Big[\Phi(\omega) - \frac{1}{\mathrm{i}\omega a}\Psi(\omega)\Big]$$

代入式(2.6) 得

$$U(\omega, t) = \frac{1}{2}\Phi(\omega)(\mathrm{e}^{\mathrm{i}\omega at} + \mathrm{e}^{-\mathrm{i}\omega at}) + \frac{1}{2\mathrm{i}\omega a}\Psi(\omega)(\mathrm{e}^{\mathrm{i}\omega at} - \mathrm{e}^{-\mathrm{i}\omega at}) \tag{2.7}$$

（3）将所得像函数取 Fourier 逆变换，即得原定解问题的解。对式(2.7) 右边第一项进行 Fourier 逆变换，并应用延迟定理可得

$$\mathcal{F}^{-1}\Big[\frac{1}{2}\Phi(\omega)(\mathrm{e}^{\mathrm{i}\omega at} + \mathrm{e}^{-\mathrm{i}\omega at})\Big] = \frac{1}{2}\mathcal{F}^{-1}[\Phi(\omega)\mathrm{e}^{\mathrm{i}\omega at}] + \frac{1}{2}\mathcal{F}^{-1}[\Phi(\omega)\mathrm{e}^{-\mathrm{i}\omega at}]$$

$$= \frac{1}{2}[\varphi(x + at) + \varphi(x - at)]$$

对于式(2.7) 右边第二项，应用延迟定理和积分定理得

$$\frac{1}{2\mathrm{i}\omega a}\Psi(\omega)(\mathrm{e}^{\mathrm{i}\omega at} - \mathrm{e}^{-\mathrm{i}\omega at}) = \frac{1}{2a}\Big\{\frac{1}{\mathrm{i}\omega}\mathcal{F}[\varphi(x + at)] - \frac{1}{\mathrm{i}\omega}\mathcal{F}[\varphi(x + at)]\Big\}$$

$$= \frac{1}{2a}\mathcal{F}\Big[\int_0^{x+at} \varphi(\xi)\mathrm{d}\xi - \int_0^{x-at} \varphi(\xi)\mathrm{d}\xi\Big]$$

$$= \frac{1}{2a}\mathcal{F}\Big[\int_{x-at}^{x+at} \varphi(\xi)\mathrm{d}\xi\Big]$$

于是，式(2.7) 右边第二项的 Fourier 逆变换为

$$\mathcal{F}^{-1}\Big[\frac{1}{2\mathrm{i}\omega a}\Psi(\omega)(\mathrm{e}^{\mathrm{i}\omega at} - \mathrm{e}^{-\mathrm{i}\omega at})\Big] = \frac{1}{2a}\Big[\int_{x-at}^{x+at} \varphi(\xi)\mathrm{d}\xi\Big]$$

因此，原定解问题的解为

$$u(x, t) = \mathcal{F}^{-1}[U(\omega, t)]$$

$$= \frac{1}{2}[\varphi(x + at) + \varphi(x - at)] + \frac{1}{2a}\int_{x-at}^{x+at} \varphi(s)\mathrm{d}s \tag{2.8}$$

这也是著名的达朗贝尔计算公式。

**例 2.5**　采用 Fourier 变换法求解下列波动方程定解问题：

$$\begin{cases} \dfrac{\partial^2 u}{\partial t^2} = \dfrac{\partial^2 u}{\partial x^2}, \quad -\infty < x < +\infty, \ t > 0 \\ u\big|_{t=0} = e^{-x^2} \\ \dfrac{\partial u}{\partial t}\bigg|_{t=0} = 0 \end{cases}$$

**解**　本题中 $\varphi(x) = e^{-x^2}$, $\varphi(x) = 0$, $a = 1$, 代入式(2.8) 得

$$u(x, t) = \frac{1}{2}\big[\varphi(x+at) + \varphi(x-at)\big] + \frac{1}{2a}\int_{x-at}^{x+at}\varphi(s)\,ds$$

$$= \frac{1}{2}e^{-(x+t)^2} + \frac{1}{2}e^{-(x-t)^2}$$

## 2.3.2　无界域热传导问题

考虑如下无限长杆上的热传导(无热源) 问题:

$$\begin{cases} \dfrac{\partial u}{\partial t} = a^2 \dfrac{\partial^2 u}{\partial x^2}, \quad -\infty < x < +\infty, \ t > 0 \qquad (2.9a) \\ u\big|_{t=0} = \varphi(x) \qquad\qquad\qquad\qquad\qquad\qquad\quad (2.9b) \end{cases}$$

考虑到求解的区域是无界的, 我们利用 Fourier 变换来求解。

(1) 进行 Fourier 变换。注意到 $x$ 的变化范围是 $(-\infty, +\infty)$, 将 $u$ 关于 $x$ 进行 Fourier 变换, 令

$$\mathscr{F}[u(x, t)] = U(\omega, t) = \int_{-\infty}^{+\infty} u(x, t)e^{-i\omega x}\,dx$$

根据 Fourier 变换的微分定理, 有

$$\mathscr{F}\left(\frac{\partial^2 u}{\partial x^2}\right) = (i\omega)^2 U(\omega, t) = -\omega^2 U(\omega, t)$$

另一方面

$$\mathscr{F}\left(\frac{\partial u}{\partial t}\right) = \int_{-\infty}^{+\infty} \frac{\partial u}{\partial t}e^{-i\omega x}\,dx = \frac{\partial}{\partial t}\int_{-\infty}^{+\infty} u(x, t)e^{-i\omega x}\,dx = \frac{dU}{dt}$$

如果再记

$$\mathscr{F}[\varphi(x)] = \Phi(\omega)$$

于是, 定解问题(2.9) 变为

$$\begin{cases} \dfrac{dU}{dt} + a^2\omega^2 U(\omega, t) = 0 \qquad (2.10a) \\ U(\omega, 0) = \Phi(\omega) \qquad\qquad\qquad (2.10b) \end{cases}$$

(2) 求常微分方程在相应条件下的解, 即求原定解问题的像函数。常微分方程(2.10a) 的通解为

$$U(\omega, t) = A(\omega)e^{-a^2\omega^2 t} \qquad (2.11)$$

利用条件(2.10b) 得

$$A(\omega) = \Phi(\omega)$$

**40** ◄ 于是

$$U(\omega, t) = \Phi(\omega) e^{-a^2\omega^2 t} \tag{2.12}$$

（3）为了求出原定解问题（2.12）的解 $u(x, t)$，还需对 $U(\omega, t)$ 取 Fourier 逆变换。由 Fourier 变换表可查得

$$\mathcal{F}^{-1}(e^{-a^2\omega^2 t}) = \frac{1}{2a\sqrt{\pi t}} e^{-\frac{x^2}{4a^2 t}}$$

根据傅立叶变换的卷积定理，有

$$\begin{aligned}
u(x, t) &= \mathcal{F}^{-1}[U(\omega, t)] \\
&= \mathcal{F}^{-1}[\Phi(\omega)] * \mathcal{F}^{-1}[e^{-a^2\omega^2 t}] \\
&= \varphi(x) * \frac{1}{2a\sqrt{\pi t}} e^{-\frac{x^2}{4a^2 t}} \\
&= \frac{1}{2a\sqrt{\pi t}} \int_{-\infty}^{+\infty} \varphi(\xi) e^{-\frac{(x-\xi)^2}{4a^2 t}} d\xi
\end{aligned} \tag{2.13}$$

这样就得到了原定解问题的解。

若记

$$G(x, t) = \frac{1}{2a\sqrt{\pi t}} e^{-\frac{x^2}{4a^2 t}}$$

则有

$$u(x, t) = \int_{-\infty}^{+\infty} G(x - \xi) \varphi(\xi) d\xi \tag{2.14}$$

函数 $G(x, t)$ 称为热核（heat kernel），也称为一维热传导初值问题的基本解（fundamental solution）。

**例 2.6**　采用 Fourier 变换法求解下列热传导方程定解问题：

$$\begin{cases}
\dfrac{\partial u}{\partial t} = a^2 \dfrac{\partial^2 u}{\partial x^2}, & -\infty < x < \infty, t > 0 \\
u(x, 0) = \varphi(x) = \begin{cases} \dfrac{u_0}{\varepsilon}, & |x| \leqslant \dfrac{\varepsilon}{2} \\ 0, & |x| > \dfrac{\varepsilon}{2} \end{cases}
\end{cases}$$

**解**　将 $u(x, 0) = \varphi(x) = \begin{cases} \dfrac{u_0}{\varepsilon}, & |x| \leqslant \dfrac{\varepsilon}{2} \\ 0, & |x| > \dfrac{\varepsilon}{2} \end{cases}$ 代入式（2.13），得

$$\begin{aligned}
u(x, t) &= \frac{1}{2a\sqrt{\pi t}} \int_{-\infty}^{+\infty} \varphi(\xi) e^{-\frac{(x-\xi)^2}{4a^2 t}} d\xi \\
&= \frac{u_0}{\varepsilon} \int_{-\varepsilon/2}^{\varepsilon/2} \frac{1}{2a\sqrt{\pi t}} e^{-\frac{(x-\xi)^2}{4a^2 t}} d\xi
\end{aligned}$$

令 $z = \dfrac{\xi - x}{2a\sqrt{t}}$，则有

$$dz = \frac{1}{2a\sqrt{t}}d\xi$$

于是有

$$u(x,\ t) = \frac{u_0}{\varepsilon}\frac{1}{\sqrt{\pi}}\int_{(-\varepsilon/2-x)/2a\sqrt{t}}^{(\varepsilon/2-x)/2a\sqrt{t}} e^{-z^2}dz$$

再记

$$\mathrm{erf}(x) = \frac{2}{\sqrt{\pi}}\int_0^x e^{-z^2}dz \quad (误差函数，也称为高斯误差函数)$$

所以有

$$u(x,\ t) = \frac{u_0}{\varepsilon}\frac{1}{\sqrt{\pi}}\int_{(-\varepsilon/2-x)/2a\sqrt{t}}^{(\varepsilon/2-x)/2a\sqrt{t}} e^{-z^2}dz$$

$$= \frac{u_0}{\varepsilon}\frac{1}{\sqrt{\pi}}\int_0^{(\varepsilon/2-x)/2a\sqrt{t}} e^{-z^2}dz - \frac{u_0}{\varepsilon}\frac{1}{\sqrt{\pi}}\int_0^{(-\varepsilon/2-x)/2a\sqrt{t}} e^{-z^2}dz$$

$$= \frac{u_0}{2\varepsilon}\left[\mathrm{erf}\left(\frac{\varepsilon/2-x}{2a\sqrt{t}}\right) - \mathrm{erf}\left(\frac{-\varepsilon/2-x}{2a\sqrt{t}}\right)\right]$$

考虑到误差函数 erf 是奇函数，因此原定解问题的解为

$$u(x,\ t) = \frac{u_0}{2\varepsilon}\left[\mathrm{erf}\left(\frac{x+\varepsilon/2}{2a\sqrt{t}}\right) - \mathrm{erf}\left(\frac{x-\varepsilon/2}{2a\sqrt{t}}\right)\right]$$

### 2.3.3  上半平面稳定问题

考虑半平面内 $(y>0)$ 的位势方程的第一边值问题：

$$\begin{cases} \dfrac{\partial^2 u}{\partial x^2} + \dfrac{\partial^2 u}{\partial y^2} = 0,\ -\infty < x < +\infty,\ y>0 & (2.15\mathrm{a})\\ u\mid_{y=0} = f(x) & (2.15\mathrm{b})\\ \lim_{x\to\pm\infty} u(x,\ y) = 0 & (2.15\mathrm{c}) \end{cases}$$

首先，将 $u$ 关于 $x$ 进行 Fourier 变换，令

$$\mathcal{F}[u(x,\ y)] = U(\omega,\ y)$$

根据 Fourier 变换的微分定理，有

$$\mathcal{F}\left(\frac{\partial^2 u}{\partial x^2}\right) = (\mathrm{i}\omega)^2 U(\omega,\ y) = -\omega^2 U(\omega,\ y)$$

另一方面

$$\mathcal{F}\left(\frac{\partial^2 u}{\partial y^2}\right) = \frac{\mathrm{d}^2 U}{\mathrm{d}y^2}$$

如果再记

$$\mathcal{F}[f(x)] = F(\omega)$$

于是, 定解问题(2.15) 变为

$$\begin{cases} \dfrac{\mathrm{d}^2 U}{\mathrm{d}y^2} - \omega^2 U(\omega, y) = 0 & (2.16a) \\ U\big|_{y=0} = F(\omega) & (2.16b) \\ \lim_{\omega \to \pm\infty} U(\omega, y) = 0 & (2.16c) \end{cases}$$

考虑到 $\omega$ 可取正负值, 因此常微分方程(2.16a) 的通解为

$$U(\omega, y) = C(\omega) e^{|\omega| y} + D(\omega) e^{-|\omega| y} \qquad (2.17)$$

利用条件(2.16b) 和(2.16c), 得

$$C(\omega) = 0, \ D(\omega) = F(\omega)$$

于是

$$U(\omega, y) = F(\omega) e^{-|\omega| y} \qquad (2.18)$$

令 $G(\omega, y) = e^{-|\omega| y}$, 则有

$$\begin{aligned} \mathcal{F}^{-1}[G(\omega, y)] &= \frac{1}{2\pi} \int_{-\infty}^{+\infty} G(\omega, y) e^{i\omega x} \mathrm{d}\omega \\ &= \frac{1}{2\pi} \int_0^{+\infty} e^{-\omega y} e^{i\omega x} \mathrm{d}\omega + \frac{1}{2\pi} \int_{-\infty}^0 e^{\omega y} e^{i\omega x} \mathrm{d}\omega \\ &= \frac{1}{2\pi} \left( \frac{1}{y + ix} + \frac{1}{y - ix} \right) \\ &= \frac{1}{\pi} \frac{y}{x^2 + y^2} \end{aligned}$$

再根据 Fourier 变换的卷积定理, 有

$$\begin{aligned} u(x, y) &= \mathcal{F}^{-1}[U(\omega, y)] \\ &= \mathcal{F}^{-1}[G(\omega, y)] * \mathcal{F}^{-1}[F(\omega)] \\ &= \frac{y}{\pi} \frac{1}{x^2 + y^2} * f(x) \end{aligned}$$

即

$$u(x, y) = \frac{y}{\pi} \int_{-\infty}^{+\infty} \frac{f(\xi)}{(x - \xi)^2 + y^2} \mathrm{d}\xi \qquad (2.19)$$

这样就得到了原定解问题的解。

**例 2.7** 采用 Fourier 变换法求解下列位势方程定解问题:

$$\begin{cases} \dfrac{\partial^2 u}{\partial x^2} + \dfrac{\partial^2 u}{\partial y^2} = 0, \ -\infty < x < \infty, \ y > 0 \\ u\big|_{y=0} = f(x) = \begin{cases} 1, & |x| \leqslant 10 \\ 0, & |x| > 10 \end{cases} \\ \lim_{x \to \pm\infty} u(x, y) = 0 \end{cases}$$

**解** 利用式(2.19), 得

$$u(x, y) = \frac{y}{\pi} \int_{-\infty}^{+\infty} \frac{f(\xi)}{(x - \xi)^2 + y^2} \mathrm{d}\xi = \frac{1}{\pi} \int_{-10}^{+10} \frac{y}{(x - \xi)^2 + y^2} \mathrm{d}\xi$$

$$= \frac{1}{\pi}\left[\arctan\left(\frac{10-x}{y}\right) + \arctan\left(\frac{10+x}{y}\right)\right]$$

## 2.4  Fourier 正余弦变换求解偏微分方程

对于半无界域定解问题，我们可以考虑选用 Fourier 正弦变换或余弦变换来求解。设在 Fourier 正弦变换下，

$$F_s(\omega) = \int_0^{+\infty} f(x)\sin\omega x \mathrm{d}x$$

于是

$$\int_0^{+\infty} f'(x)\sin\omega x \mathrm{d}x = f(x)\sin\omega x \big|_0^{+\infty} - \omega\int_0^{+\infty} f(x)\cos\omega x \mathrm{d}x$$

$$= -\omega\int_0^{+\infty} f(x)\cos\omega x \mathrm{d}x \tag{2.20}$$

$$\int_0^{+\infty} f''(x)\sin\omega x \mathrm{d}x = -\omega\int_0^{+\infty} f'(x)\cos\omega x \mathrm{d}x$$

$$= -\omega\left[f(x)\cos\omega x \big|_0^{+\infty} + \omega\int_0^{+\infty} f(x)\sin\omega x \mathrm{d}x\right]$$

$$= \omega f(0) - \omega^2 F_s(\omega) \tag{2.21}$$

由此可见，对于二阶偏微分方程的定解问题，只有当定解问题中仅出现未知函数及其二阶偏导数，且在半无界空间的 $x = 0$ 端给出的是第一类边界条件时，才可以选用 Fourier 正弦变换。

同样，对于 Fourier 余弦变换

$$F_c(\omega) = \int_0^{+\infty} f(x)\cos\omega x \mathrm{d}x$$

也有

$$\int_0^{+\infty} f'(x)\cos\omega x \mathrm{d}x = -f(0) + \omega\int_0^{+\infty} f(x)\sin\omega x \mathrm{d}x \tag{2.22}$$

$$\int_0^{+\infty} f''(x)\cos\omega x \mathrm{d}x = -f'(0) - \omega^2 F_c(\omega) \tag{2.23}$$

所以，如果还限于上面的约定，只有当定解问题中仅出现未知函数及其二阶偏导数，且在半无界空间的 $x = 0$ 端给出的是第二类边界条件时，才可以选用 Fourier 余弦变换。

在明确了 Fourier 正弦变换和余弦变换的选用原则之后，我们来讨论半无界域定解问题求解的例子。

**例 2.8**  求解半无限杆的热传导问题：

$$\begin{cases} \dfrac{\partial u}{\partial t} = a^2\dfrac{\partial^2 u}{\partial x^2}, & 0 < x < +\infty, \ t > 0 \\ u\big|_{t=0} = 0 \\ u\big|_{x=0} = f(t) \end{cases}$$

**解**  这个问题显然不能直接用 Fourier 变换来求解了，因为 $x, t$ 的变化范围都是 $(0, +\infty)$。下面应用 Fourier 正弦变换来求解。

将 $u$ 关于 $x$ 进行 Fourier 正弦变换，令

$$\mathcal{F}_s[u(x, t)] = U_s(\omega, t) = \int_0^{+\infty} u(x, t)\sin\omega x \mathrm{d}x$$

于是

$$\mathcal{F}_s\left(\frac{\partial^2 u}{\partial x^2}\right) = \omega \cdot u(0, t) - \omega^2 U_s(\omega, t) = \omega f(t) - \omega^2 U_s(\omega, t),$$

$$\mathcal{F}_s(u|_{t=0}) = U_s|_{t=0},$$

$$\mathcal{F}_s\left(\frac{\partial u}{\partial t}\right) = \frac{\mathrm{d}U_s}{\mathrm{d}t}$$

这样，我们就可以将原定解问题转化为求解含有参数的常微分方程的初值问题：

$$\begin{cases} \dfrac{\mathrm{d}U_s}{\mathrm{d}t} = a^2[\omega f(t) - \omega^2 U_s] \\ U_s|_{t=0} = 0 \end{cases}$$

其解为

$$U_s(\omega, t) = a^2\omega \int_0^t f(\xi) e^{-a^2\omega^2(t-\xi)}\mathrm{d}\xi$$

取 Fourier 正弦逆变换，即可得原定解问题的解为

$$u(x, t) = \frac{x}{2a\sqrt{\pi}}\int_0^t f(\xi)\frac{1}{(t-\xi)^{\frac{3}{2}}}e^{-\frac{x^2}{4a^2(t-\xi)}}\mathrm{d}\xi$$

## 2.5　Fourier 变换应用的 Matlab 运算

根据 Fourier 变换的微分性质，对欲求解的微分方程或积分方程两端取 Fourier 变换，将其转化为像函数的代数方程，由这个代数方程求出像函数，然后再取 Fourier 逆变换就获得微分方程或积分方程的解。

Matlab 符号工具箱提供了 solve( ) 函数来求解符号代数方程，其调用格式为：

(1) $g$ = solve($eq$)：求解符号表达式表示的代数方程 $eq$，求解变量为默认变量。当方程右端为 0 时，方程 $eq$ 中可以不包含右端项和等号，而仅列出方程左端的表达式。

(2) $g$ = solve($eq, var$)：求解符号表达式表示的代数方程 $eq$，求解变量为 $var$。

(3) $g$ = solve($eq1, eq2, \ldots, eqn, var1, var2, \ldots, varn$)：求解符号表达式 $eq1, eq2, \cdots,$ $eqn$ 组成的代数方程组，求解变量分别为 $var1, var2, \cdots, varn$。若不指定求解变量，由默认规则确定。

再结合 fourier( ) 函数和 ifourier( ) 函数，便能实现 Fourier 变换求解微分方程或积分方程。下面，通过例子来演示 Fourier 变换求解微分方程。

**例 2.9**　采用 Fourier 变换法求解下列一阶常微分方程：

$$y'(t) + y(t) = e^{-t}H(t), \quad -\infty < t < +\infty$$

**解**　令 $Y(\omega) = \mathcal{F}[y(t)]$，对微分方程两端作 Fourier 变换，有

$$i\omega Y(\omega) + Y(\omega) = \frac{1}{1 + \omega i}$$

整理后，得

$$Y(\omega) = \frac{1}{(1 + \omega i)^2} = -\frac{1}{(\omega - i)^2}$$

从而

$$y(t) = \frac{1}{2\pi} \int_{-\infty}^{+\infty} \frac{-e^{it\omega}}{(\omega - i)^2} d\omega$$

当 $t < 0$ 时，因为

$$\int_{-\infty}^{+\infty} \frac{-e^{it\omega}}{(\omega - i)^2} d\omega = 0$$

所以有

$$y(t) = 0$$

当 $t > 0$ 时，因为

$$\text{Res}\left[\frac{-e^{itz}}{(z - i)^2}, i\right] = \lim_{z \to i} \frac{d}{dz}\left[(z - i)^2 \frac{-e^{itz}}{(z - i)^2}\right] = \frac{te^{-t}}{i}$$

于是有

$$y(t) = \frac{1}{2\pi} \cdot (2\pi i) \cdot \left(\frac{te^{-t}}{i}\right) = te^{-t}$$

综合得

$$y(t) = te^{-t}H(t)$$

采用 Matlab 计算的脚本代码如下：

```
>> clear all;
>> syms omega t y(t) Y;
>> LHS = fourier(diff(y(t)) + y(t), t, omega);
>> RHS = fourier(exp(-t)*heaviside(t), t, omega);
>> LHS = subs(LHS, {fourier(y(t), t, omega)}, {Y});
>> Y = solve(LHS - RHS, Y)
Y =
1/(1 + omega*1i)^2
>> y = ifourier(Y, omega, t)
y =
(pi*t*exp(-t) + pi*t*exp(-t)*sign(t))/(2*pi)
>> y = simplify(y)
y =
(t*exp(-t)*(sign(t) + 1))/2
```

**例 2.10**  采用 Fourier 变换法求解下列二阶常微分方程的特解：

$$y''(t) - 4y'(t) + 4y(t) = e^{-t}H(t), \quad -\infty < t < +\infty$$

**解**  令 $Y(\omega) = \mathcal{F}[y(t)]$，对微分方程两端作 Fourier 变换，有

$$-\omega^2 Y(\omega) - 4i\omega Y(\omega) + 4Y(\omega) = \frac{1}{1 + i\omega}$$

整理后，得

$$Y(\omega) = \frac{1}{-(\omega^2 + 4i\omega - 4)(1 + i\omega)}$$

进一步可写成

$$Y(\omega) = -\frac{1}{i(\omega + 2i)^2(\omega - i)}$$

从而

$$y(t) = \frac{1}{2\pi}\int_{-\infty}^{+\infty} -\frac{e^{it\omega}}{i(\omega + 2i)^2(\omega - i)}d\omega$$

当 $t > 0$ 时, 因为

$$\text{Res}\left[-\frac{e^{itz}}{i(z + 2i)^2(z - i)}, i\right] = \lim_{z \to i}\left[(z - i)\frac{e^{itz}}{-i(z + 2i)^2(z - i)}\right] = \frac{e^{-t}}{9i}$$

于是有

$$y(t) = \frac{1}{2\pi} \cdot 2\pi i \cdot \frac{e^{-t}}{9i} = \frac{e^{-t}}{9}$$

当 $t < 0$ 时, 因为

$$\text{Res}\left[-\frac{e^{itz}}{i(z + 2i)^2(z - i)}, -2i\right] = \lim_{z \to -2i}\frac{d}{dz}\left[(z + 2i)^2\frac{e^{itz}}{-i(z + 2i)^2(z - i)}\right] = \frac{3te^{2t} - e^{2t}}{9i}$$

所以有

$$y(t) = \frac{1}{2\pi} \cdot (-2\pi i) \cdot \frac{3te^{2t} - e^{2t}}{9i} = \frac{(1 - 3t)e^{2t}}{9}$$

故所求微分方程的特解为

$$y(t) = \frac{e^{-t}}{9}H(t) + \frac{(1 - 3t)e^{2t}}{9}H(-t)$$

采用 Matlab 计算的脚本代码如下:

```
>> clear all;
>> syms omega t y(t) Y;
>> LHS = fourier(diff(y(t), 2) - 4 * diff(y(t)) + 4 * y(t), t, omega);
>> RHS = fourier(exp(-t) * heaviside(t), t, omega);
>> LHS = subs(LHS, {fourier(y(t), t, omega)}, {Y});
>> Y = solve(LHS - RHS, Y)
Y =
- 1/((1 + omega * 1i) * (omega^2 + omega * 4i - 4))
>> y = ifourier(Y, omega, t)
y =
((pi * exp(-t) * (sign(t) + 1))/9 - (5 * fourier(1/(omega^2 + omega * 4i - 4), omega, -
t))/9 + (fourier(omega/(omega^2 + omega * 4i - 4), omega, -t) * 1i)/9)/(2 * pi)
>> y = simplify(y)
y =
(exp(-t) * (exp(3 * t) + sign(t) - 3 * t * exp(3 * t) - exp(3 * t) * sign(t) +
3 * t * exp(3 * t) * sign(t) + 1))/18
```

**例 2. 11**  采用 Fourier 变换法求解下列二阶常微分方程的特解：

$$y''(t) + 4y'(t) + 4y(t) = \frac{1}{2}e^{-|t|}, \quad -\infty < t < +\infty$$

**解**  令 $Y(\omega) = \mathcal{F}[y(t)]$，对微分方程两端作 Fourier 变换，有

$$-\omega^2 Y(\omega) + 4i\omega Y(\omega) + 4Y(\omega) = \frac{1}{\omega^2 + 1}$$

整理后，得

$$Y(\omega) = \frac{1}{-(\omega^2 - 4i\omega - 4)(\omega^2 + 1)}$$

进一步可写成

$$Y(\omega) = -\frac{1}{(\omega - 2i)^2(\omega - i)(\omega + i)}$$

从而

$$y(t) = \frac{1}{2\pi}\int_{-\infty}^{+\infty} -\frac{e^{it\omega}}{(\omega - 2i)^2(\omega - i)(\omega + i)}d\omega$$

当 $t > 0$ 时，因为

$$\text{Res}\left[-\frac{e^{itz}}{(z - 2i)^2(z - i)(z + i)}, i\right] = \lim_{z\to i}\left[(z - i)\frac{e^{itz}}{-(z - 2i)^2(z - i)(z + i)}\right] = \frac{e^{-t}}{2i},$$

$$\text{Res}\left[-\frac{e^{itz}}{(z - 2i)^2(z - i)(z + i)}, 2i\right] = \lim_{z\to 2i}\frac{d}{dz}\left[(z - 2i)^2\frac{e^{itz}}{-(z - 2i)^2(z - i)(z + i)}\right]$$

$$= -\frac{3t + 4}{9i}e^{-2t}$$

于是有

$$y(t) = \frac{1}{2\pi}\cdot 2\pi i \cdot\left(\frac{e^{-t}}{2i} - \frac{3t + 4}{9i}e^{-2t}\right) = \frac{e^{-t}}{2} - \frac{3t + 4}{9}e^{-2t}$$

当 $t < 0$ 时，因为

$$\text{Res}\left[-\frac{e^{itz}}{(z - 2i)^2(z - i)(z + i)}, -i\right] = \lim_{z\to -i}\left[(z + i)\frac{e^{itz}}{-(z - 2i)^2(z - i)(z + i)}\right]$$

$$= \frac{e^t}{-18i}$$

所以有

$$y(t) = \frac{1}{2\pi}\cdot(-2\pi i)\cdot\frac{e^t}{-18i} = \frac{e^t}{18}$$

故所求微分方程的特解为

$$y(t) = \left(\frac{e^{-t}}{2} - \frac{3t + 4}{9}e^{-2t}\right)H(t) + \frac{e^t}{18}H(-t)$$

采用 Matlab 计算的脚本代码如下：

```
> clear all;
>> syms omega t y(t) Y;
```

```
＞＞ LHS = fourier(diff(y(t), 2) + 4 * diff(y(t)) + 4 * y(t), t, omega);
＞＞ RHS = fourier(exp(- abs(t))/2, t, omega);
＞＞ LHS = subs(LHS, {fourier(y(t), t, omega)}, {Y});
＞＞ Y = solve(LHS - RHS, Y)
Y =
1/((omega^2 + 1) * (- omega^2 + omega * 4i + 4))
＞＞ y = ifourier(Y, omega, t)
y =
((5 * pi * exp(- abs(t)))/9 + (4 * pi * exp(- abs(t)) * sign(t))/9 - (fourier(omega/(-
omega^2 + omega * 4i + 4), omega, - t) * 4i)/9 - (11 * fourier(1/(- omega^2 + omega * 4i
+ 4), omega, - t))/9)/(2 * pi)
＞＞ y = simplify(y)
y =
- (exp(- 2 * abs(t)) * (3 * abs(t) - 5 * exp(abs(t)) + 4 * sign(t) + 3 * abs(t) * sign(t) -
4 * exp(abs(t)) * sign(t) + 4))/18
```

# 习　题

1. 采用 Fourier 变换求解下列积分方程：

$(1)\displaystyle\int_{-\infty}^{+\infty} f(\xi)f(t-\xi)\,\mathrm{d}\xi = \frac{1}{t^2 + a^2},\ a > 0$

$(2)\displaystyle\int_{-\infty}^{+\infty} \mathrm{e}^{-a\xi^2}f(t-\xi)\,\mathrm{d}\xi = \mathrm{e}^{-bt^2}$

$(3)\displaystyle\int_{-\infty}^{+\infty} f(\xi)f(t-\xi)\,\mathrm{d}\xi = \frac{b}{t^2 + b^2},\ b > 0$

$(4)\ \dfrac{1}{\sqrt{2\pi}}\displaystyle\int_{-\infty}^{+\infty} f(\xi)\mathrm{e}^{-|t-\xi|}\,\mathrm{d}\xi = \mathrm{e}^{-\frac{t^2}{2}}$

$(5)\ \dfrac{1}{2a\sqrt{\pi t}}\displaystyle\int_{-\infty}^{+\infty} f(\xi)\mathrm{e}^{-\frac{(t-\xi)^2}{4a^2 t}}\,\mathrm{d}\xi = \dfrac{1}{\sqrt{1+t}}\mathrm{e}^{-\frac{t^2}{4a^2(1+t)}}$

$(6)\displaystyle\int_{-\infty}^{+\infty} f(\xi)f(t-\xi)\,\mathrm{d}\xi = \mathrm{e}^{-t^2}$

2. 已知 $f(t) = \mathrm{e}^{-|t|} + \lambda\displaystyle\int_{-\infty}^{+\infty} f(\xi)\mathrm{e}^{t-\xi}\,\mathrm{d}\xi$，$0 < \lambda < 1$，证明：

$$f(t) = \begin{cases} \dfrac{2}{2-\lambda}\mathrm{e}^{(1-\lambda)t}, & x < 0 \\[3mm] \dfrac{2}{2-\lambda}\mathrm{e}^{-t}, & x \geqslant 0 \end{cases}$$

3. 采用 Fourier 变换求解下列微分方程的特解：

$(1) y''(t) - 4y(t) = \mathrm{e}^{-|t|},\ -\infty < t < +\infty$

$(2) y''(t) - y(t) = - H(1 - |t|),\ -\infty < t < +\infty$

要求：利用 Matlab 验证计算结果。

4. 采用 Fourier 变换求解下列微分积分方程的解：

$$y'(t) - \int_{-\infty}^{t} y(t)\,\mathrm{d}t = -\cos t, \quad -\infty < t < +\infty$$

5. 采用 Fourier 变换求解下列波动方程的定解问题：

$$\begin{cases} \dfrac{\partial^2 u}{\partial t^2} = \dfrac{\partial^2 u}{\partial x^2}, \quad -\infty < x < \infty,\ t > 0 \\[2mm] u\big|_{t=0} = 3\mathrm{e}^{-x^2} \\[2mm] \dfrac{\partial u}{\partial t}\bigg|_{t=0} = 0 \end{cases}$$

6. 采用 Fourier 变换求解下列波动方程的定解问题：

$$\begin{cases} \dfrac{\partial^2 u}{\partial t^2} = a^2 \dfrac{\partial^2 u}{\partial x^2}, \quad -\infty < x < \infty,\ t > 0 \\[2mm] u\big|_{t=0} = 0 \\[2mm] \dfrac{\partial u}{\partial t}\bigg|_{t=0} = \delta(x) \end{cases}$$

7. 采用 Fourier 变换求解下列波动方程的定解问题：

$$\begin{cases} \dfrac{\partial^2 u}{\partial t^2} = \dfrac{\partial^2 u}{\partial x^2} + t\sin x, \quad -\infty < x < \infty,\ t > 0 \\[2mm] u\big|_{t=0} = 0 \\[2mm] \dfrac{\partial u}{\partial t}\bigg|_{t=0} = \sin x \end{cases}$$

8. 采用 Fourier 变换求解下列热传导方程的定解问题：

$$\begin{cases} \dfrac{\partial u}{\partial t} = \dfrac{\partial^2 u}{\partial x^2}, \quad -\infty < x < \infty,\ t > 0 \\[2mm] u(x, 0) = \varphi(x) = \begin{cases} \dfrac{1}{2a}, & |x| \leqslant a \\[2mm] 0, & |x| > a,\ a > 0 \end{cases} \\[2mm] \lim_{|x| \to \infty} u(x, t) = 0 \end{cases}$$

9. 采用 Fourier 变换求解下列热传导方程的定解问题：

$$\begin{cases} \dfrac{\partial u}{\partial t} = a^2 \dfrac{\partial^2 u}{\partial x^2}, \quad -\infty < x < \infty,\ t > 0 \\[2mm] u(x, 0) = \varphi(x) = \begin{cases} T_1, & x < 0 \\[2mm] T_2, & x > 0 \end{cases} \\[2mm] \lim_{|x| \to \infty} u(x, t) = 0 \end{cases}$$

10. 采用 Fourier 变换求解下列热传导方程的定解问题：

$$\begin{cases} \dfrac{\partial u}{\partial t} = a^2 \dfrac{\partial^2 u}{\partial x^2}, \ -\infty < x < \infty, \ t > 0 \\[2mm] u(x, 0) = \mathrm{e}^{-x^2/4a^2} \\[2mm] \lim_{|x| \to \infty} u(x, t) = 0 \end{cases}$$

11. 采用 Fourier 变换求解下列位势方程定解问题：

$$\begin{cases} \dfrac{\partial^2 u}{\partial x^2} + \dfrac{\partial^2 u}{\partial y^2} = 0, \ -\infty < x < \infty, \ y > 0 \\[2mm] u\big|_{y=0} = \begin{cases} 1, & x > 0 \\ -1, & x < 0 \end{cases} \\[2mm] \lim_{x \to \pm\infty} u(x, y) = 0 \end{cases}$$

12. 采用 Fourier 变换求解下列位势方程定解问题：

$$\begin{cases} \dfrac{\partial^2 u}{\partial x^2} + \dfrac{\partial^2 u}{\partial y^2} = 0, \ -\infty < x < \infty, \ y > 0 \\[2mm] u\big|_{y=0} = \begin{cases} 2T_0, & x < -1 \\ T_0, & -1 < x < 1 \\ T_0, & x > 1 \end{cases} \\[2mm] \lim_{x \to \pm\infty} u(x, y) = 0 \end{cases}$$

13. 采用 Fourier 正弦变换求解半无限杆的热传导问题：

$$\begin{cases} \dfrac{\partial u}{\partial t} = a^2 \dfrac{\partial^2 u}{\partial x^2}, \ 0 < x < \infty, \ t > 0 \\[2mm] u\big|_{t=0} = T_0 \\[2mm] u\big|_{x=0} = 0 \end{cases}$$

14. 采用 Fourier 余弦变换求解半无限杆的热传导问题：

$$\begin{cases} \dfrac{\partial u}{\partial t} = a^2 \dfrac{\partial^2 u}{\partial x^2}, \ 0 < x < +\infty, \ t > 0 \\[2mm] u\big|_{t=0} = 0 \\[2mm] \dfrac{\partial u}{\partial x}\bigg|_{x=0} = f(t) \end{cases}$$

# 第 3 章 Laplace 变换

Fourier 变换在许多领域中发挥了重要作用，特别是在信号处理领域，直到今天它仍然是最基本的分析和处理工具。但任何东西总有它的局限性，Fourier 变换亦是如此，因而人们针对 Fourier 变换的一些不足进行了各种改进。本章主要讨论的 Laplace 变换是 Fourier 变换的推广，它放宽了对函数的限制并使之更适合工程实际，同时保留了 Fourier 变换中许多重要特性。

## 3.1 Laplace 变换的概念

我们已经知道，Fourier 积分存在的充要条件是要求被积函数 $f(t)$ 绝对可积，有些不符合绝对可积条件的函数，如单位阶跃函数 $H(t)$ 等，虽也可通过其他方法求出其 Fourier 变换，但它们的频谱函数中包含了 $\delta$ 函数，这可能会给信号的分析与计算带来一些麻烦；还有一些重要的函数，如正指数函数 $e^{at}(a > 0)$ 等，它们的 Fourier 变换是不存在的。另外，Fourier 变换必须在整个实轴上有定义，但在工程实际问题中，许多以时间 $t$ 作为自变量的函数在 $t < 0$ 时是无意义的，或者是不需要考虑的。因此，利用 Fourier 变换处理问题具有一定的局限性。

能否找到一种变换，既具有类似 Fourier 变换的性质，又能克服其不足之处呢？回答是肯定的。

### 3.1.1 Laplace 变换的导出

设函数 $f(t)$ 在 $t \geqslant 0$ 上有定义，引入函数

$$f_1(t) = \begin{cases} 0, & t < 0 \\ f(t)e^{-\gamma t}, & t \geqslant 0 \end{cases}$$

其中 $\gamma > 0$。假定 $f_1(t)$ 满足傅立叶积分定理的条件，则 $f_1(t)$ 的像函数为

$$G_1(\omega) = \int_{-\infty}^{+\infty} f_1(t)e^{-i\omega t}dt = \int_0^{+\infty} f(t)e^{-(\gamma+i\omega)t}dt$$

令 $s = \gamma + i\omega$ 或 $\omega = \dfrac{s-\gamma}{i}$，又记 $G_1(\omega) = G_1\left(\dfrac{s-\gamma}{i}\right) = F(s)$，则上式可化为

$$F(s) = \int_0^{+\infty} f(t)e^{-st}dt \tag{3.1}$$

另一方面，根据 Fourier 变换的定义有

$$f_1(t) = \frac{1}{2\pi}\int_{-\infty}^{+\infty} G_1(\omega)e^{i\omega t}d\omega$$

先以 $F(s)$ 代替 $G_1(\omega)$，再将 $f(t)e^{-\gamma t}$ 代替 $f_1(t)$，注意到 $\omega = \dfrac{s-\gamma}{i}$，$d\omega = \dfrac{1}{i}ds$，因此解得 $f(t)$ 为

$$f(t) = \frac{1}{2\pi i}\int_{\gamma-i\infty}^{\gamma+i\infty} F(s)e^{\gamma t}e^{\frac{s-\gamma}{i}it}ds$$

即有

$$f(t) = \frac{1}{2\pi i}\int_{\gamma-i\infty}^{\gamma+i\infty} F(s)e^{st}ds \qquad\qquad (3.2)$$

因此函数 $f(t)$ 与 $F(s)$ 可以相互表达。式(3.1) 称为 $f(t)$ 的 Laplace 变换式，记作

$$\mathcal{L}[f(t)] = F(s)$$

函数 $F(s)$ 称为 $f(t)$ 的 Laplace 变换或像函数。反之，式(3.2) 称为 $F(s)$ 的 Laplace 逆变换式，记作

$$\mathcal{L}^{-1}[F(s)] = f(t)$$

函数 $f(t)$ 称为 $F(s)$ 的 Laplace 逆变换或像原函数。

Laplace 变换与 Fourier 变换到底有什么关系呢？或者说 Laplace 变换是如何对 Fourier 变换进行改造的呢？根据前面的推导知：

$$\mathcal{L}[f(t)] = \int_0^{+\infty} f(t)e^{-st}dt = \int_0^{+\infty} f(t)e^{-\gamma t}\cdot e^{-i\omega t}dt$$

$$= \int_{-\infty}^{+\infty} f(t)H(t)e^{-\gamma t}e^{-i\omega t}dt = \mathcal{L}[f(t)H(t)e^{-\gamma t}]$$

可见函数 $f(t)$ 的 Laplace 变换就是 $f(t)H(t)e^{-\gamma t}$ 的 Fourier 变换。其基本思想是：首先通过单位阶跃函数 $H(t)$ 使函数 $f(t)$ 在 $t<0$ 的部分充零(或者补零)；其次对函数 $f(t)$ 在 $t>0$ 的部分乘上一个衰减的指数函数以降低其"增长"速度，这样就有希望使函数 $f(t)H(t)e^{-\gamma t}$ 满足 Fourier 积分条件。

**例 3.1**　已知 ① $f(t) = c$；② $f(t) = \cos at$；③ $f(t) = ce^{at}$，求 $\mathcal{L}[f(t)]$，其中 $c, a \in C$。

**解**　根据 Laplace 变换的定义，有

① $\mathcal{L}(c) = \displaystyle\int_0^{+\infty} ce^{-st}dt = -\left.\frac{ce^{-st}}{s}\right|_0^{+\infty} = \frac{c}{s}$，$\mathrm{Re}(s) > 0$，

② $\mathcal{L}[\cos(at)] = \displaystyle\int_0^{+\infty} \cos at e^{-st}dt = \frac{1}{2}\int_0^{+\infty}[e^{-(s-ia)t} + e^{-(s+ia)t}]dt = \frac{s}{s^2+a^2}$，$\mathrm{Re}(s) > 0$，

③ $\mathcal{L}(ce^{at}) = c\displaystyle\int_0^{+\infty} e^{at}e^{-st}dt = \frac{c}{s-a}$，$\mathrm{Re}(s-a) > 0$。

## 3.1.2　常用函数的 Laplace 变换

**1. 指数函数 $e^{-at}$**

当 $a$ 为复常数时，即 $a \in C$，根据 Laplace 变换的定义有：

$$\mathcal{L}(e^{-at}) = \int_0^{+\infty} e^{-at}e^{-st}dt = -\left.\frac{e^{-(a+s)t}}{s+a}\right|_0^{+\infty} = \frac{1}{s+a} \qquad\qquad (3.3)$$

**2. 单位阶跃函数 $H(t)$**

根据 Laplace 变换的定义有：

$$\mathcal{L}[H(t)] = \int_0^{+\infty} 1 \cdot e^{-st} dt = -\frac{e^{-st}}{s}\Big|_0^{+\infty}$$

$$= \frac{1}{s} \tag{3.4}$$

3. $t$ 的幂函数 $t^n$,

当 $n$ 为大于或等于 0 的整数时,根据 Laplace 变换的定义有

$$\mathcal{L}(t^n) = \int_0^{+\infty} t^n e^{-st} dt$$

利用分部积分可得

$$\int_0^{+\infty} t^n e^{-st} dt = -\frac{1}{s} t^n e^{-st}\Big|_0^{+\infty} + \frac{1}{s}\int_0^{+\infty} nt^{n-1} e^{-st} dt$$

$$= \frac{n}{s}\int_0^{+\infty} t^{n-1} e^{-st} dt$$

$$= \frac{n}{s}\mathcal{L}[t^{n-1}]$$

即

$$\mathcal{L}[t^n] = \frac{n}{s}\mathcal{L}[t^{n-1}]$$

依次类推就得到

$$\mathcal{L}[t^n] = \frac{n}{s}\mathcal{L}[t^{n-1}]$$

$$= \frac{n(n-1)}{s^2}\mathcal{L}[t^{n-2}]$$

$$\vdots$$

$$= \frac{n!}{s^{n+1}}$$

于是有

$$\mathcal{L}[t^n] = \frac{n!}{s^{n+1}} \tag{3.5}$$

当 $n = 1$ 时, $\mathcal{L}[t] = \frac{1}{s^2}$。

一般地,若 $n > -1$,令 $u = st$,则有

$$\mathcal{L}[t^n] = \int_0^{+\infty} t^n e^{-st} dt = \frac{1}{s^{n+1}}\int_0^{+\infty} u^n e^{-u} du = \frac{\Gamma(n+1)}{s^{n+1}}$$

这里, $\Gamma$ 为 Gamma 函数。

4. 冲激函数 $\delta(t)$

因为 $\delta(t) = \lim_{\varepsilon \to 0}\delta_\varepsilon(t)$,而

$$\delta_\varepsilon(t) = \begin{cases} \dfrac{1}{\varepsilon}, & 0 \leq t < \varepsilon \\ 0, & t > \varepsilon \end{cases}$$

先对 $\delta_\varepsilon(t)$ 作 Laplace 变换：

$$\mathcal{L}[\delta_\varepsilon(t)] = \int_0^{+\infty} \delta_\varepsilon(t)\,\mathrm{e}^{-st}\,\mathrm{d}t = \int_0^\varepsilon \frac{1}{\varepsilon}\mathrm{e}^{-st}\,\mathrm{d}t = \frac{1}{\varepsilon s}(1 - \mathrm{e}^{-\varepsilon s})$$

那么

$$\mathcal{L}[\delta(t)] = \lim_{\varepsilon \to 0}\mathcal{L}[\delta_\varepsilon(t)] = \lim_{\varepsilon \to 0}\frac{1 - \mathrm{e}^{-\varepsilon s}}{\varepsilon s}$$

利用洛必达法则计算极限，得

$$\lim_{\varepsilon \to 0}\frac{1 - \mathrm{e}^{-\varepsilon s}}{\varepsilon s} = \lim_{\varepsilon \to 0}\frac{s\mathrm{e}^{-\varepsilon s}}{s} = 1$$

即

$$\mathcal{L}[\delta(t)] = 1 \tag{3.6}$$

## 3.1.3  Laplace 变换的存在定理

一个函数究竟满足什么条件时，它的 Laplace 变换一定存在呢？下面的定理将回答这个问题。

**Laplace 变换的存在定理**　设函数 $f(t)$ 满足下列条件：

(1) $f(t)$ 在 $t \geq 0$ 的任何有限区间上分段连续；

(2) $f(t)$ 的增大是指数级的，即有常数 $M > 0$，$c \geq 0$，使当 $t$ 充分大时

$$|f(t)| \leq M\mathrm{e}^{ct} \quad [c \text{ 称为 } f(t) \text{ 的增长指数}]$$

则像函数

$$F(s) = \int_0^{+\infty} f(t)\mathrm{e}^{-st}\,\mathrm{d}t$$

在半平面 $\mathrm{Re}(s) > c$ 上存在，其右边的广义积分绝对且一致收敛，又在该平面内 $F(s)$ 为解析函数。

**证**　由条件(2)必有正数 $N$ 存在，使当 $t > N$ 时

$$|f(t)| \leq M\mathrm{e}^{ct}$$

由于

$$\int_0^{+\infty} f(t)\mathrm{e}^{-st}\,\mathrm{d}t = \int_0^N f(t)\mathrm{e}^{-st}\,\mathrm{d}t + \int_N^{+\infty} f(t)\mathrm{e}^{-st}\,\mathrm{d}t$$

再根据条件(1)，右边的第一个积分显然是存在的，而第二个积分在 $\mathrm{Re}(s) = \gamma > c$ 时，有如下估计

$$\int_0^{+\infty} |f(t)\mathrm{e}^{-st}|\,\mathrm{d}t \leq \int_N^{+\infty} M\mathrm{e}^{ct}\mathrm{e}^{-st}\,\mathrm{d}t = \frac{M}{\gamma - c}\mathrm{e}^{-(\gamma-c)N}$$

由此可见，右边第二个积分绝对收敛，从而左边的积分绝对收敛。

根据含参数变量积分的性质可知，当 $\mathrm{Re}(s) \geq c_0 > c$ 时，上述左边的积分还是一致收敛的。另外，根据复变函数知识，这个积分确定的函数 $F(s)$ 在半平面 $\mathrm{Re}(s) > c$ 内是解析的。

Laplace 变换的存在定理清楚表明，Laplace 变换存在的条件比 Fourier 变换存在的条件要弱。

## 3.2 Laplace 变换的性质

与 Fourier 变换类似，Laplace 变换也有一些重要性质。在下面的讨论中，我们假定进行 Laplace 变换的函数都满足 Laplace 存在定理的条件，并且把这些函数的增长指数统一取为 $c$。

### 3.2.1 线性性质与相似性质

1. 线性性质

设 $a_1$，$a_2$ 为任意常数，且

$$\mathcal{L}[f_1(t)] = F_1(s)，\mathcal{L}[f_2(t)] = F_2(s)$$

则有

$$\mathcal{L}[a_1f_1(t) + a_2f_2(t)] = a_1F_1(s) + a_2F_2(s) \tag{3.7}$$

将上式左右移项，并对两边取 Laplace 逆变换，得

$$\mathcal{L}^{-1}[a_1F_1(s) + a_2F_2(s)] = a_1f_1(t) + a_2f_2(t) \tag{3.8}$$

这个性质表明，Laplace 变换及其逆变换都是线性变换。式(3.7)和式(3.8)由 Laplace 变换的定义极易证明，此处从略。

利用线性性质也可求得余弦函数和正弦函数的 Laplace 变换：

$$\mathcal{L}[\cos(at)] = \mathcal{L}\left[\frac{1}{2}(e^{iat} + e^{iat})\right] = \frac{1}{2}\left(\frac{1}{s - ia} + \frac{1}{s + ia}\right)$$

$$= \frac{s}{s^2 + a^2}$$

同理可得

$$\mathcal{L}[\sin(at)] = \frac{a}{s^2 + a^2}$$

**例 3.2** 求函数 $\dfrac{s + 2}{s^2 + 1}$ 的 Laplace 逆变换。

**解** 因为

$$\frac{s + 2}{s^2 + 1} = \frac{s}{s^2 + 1} + \frac{2}{s^2 + 1}$$

根据线性性质有

$$\mathcal{L}^{-1}\left(\frac{s + 2}{s^2 + 1}\right) = \mathcal{L}^{-1}\left(\frac{s}{s^2 + 1}\right) + 2\mathcal{L}^{-1}\left(\frac{1}{s^2 + 1}\right)$$

$$= \cos t + 2\sin t$$

2. 相似性质

设常数 $a > 0$，且 $\mathcal{L}[f(t)] = F(s)$，则有

$$\mathcal{L}[f(at)] = \frac{1}{a}F\left(\frac{s}{a}\right) \tag{3.9}$$

**证** 根据 Laplace 变换的定义，有

$$\mathcal{L}[f(at)] = \int_0^{+\infty} f(at) e^{-st} dt$$

令 $x = at$, 则 $dt = \dfrac{1}{a} dx$, 所以

$$\mathcal{L}[f(at)] = \int_0^{+\infty} f(at) e^{-st} dt = \frac{1}{a} \int_0^{+\infty} f(x) e^{-\frac{s}{a}x} dx = \frac{1}{a} F\left(\frac{s}{a}\right)$$

## 3.2.2 时移性质与频移性质

1. 时移性质

若 $\mathcal{L}[f(t)] = F(s)$, 则当 $t_0 > 0$ 时, 有

$$\mathcal{L}[f(t - t_0) H(t - t_0)] = e^{-st_0} F(s) \tag{3.10}$$

证 根据 Laplace 变换的定义, 有

$$\mathcal{L}[f(t - t_0) H(t - t_0)] = \int_0^{+\infty} f(t - t_0) H(t - t_0) e^{-st} dt$$
$$= \int_{t_0}^{+\infty} f(t - t_0) e^{-st} dt$$

令 $x = t - t_0$ 并代入上式, 可得

$$\mathcal{L}[f(t - t_0) H(t - t_0)] = \int_0^{+\infty} f(x) e^{-sx} e^{-st_0} dx$$
$$= e^{-st_0} F(s)$$

式 (3.10) 表明, 时间函数延后 $t_0$ 的 Laplace 变换为像函数乘以 $e^{-st_0}$。

例 3.3 求下列函数的 Laplace 变换:

$$f(t) = \begin{cases} 1, & 0 < t < 1 \\ -1, & 1 < t < 2 \\ 0, & t > 2 \end{cases}$$

解 将函数 $f(t)$ 写成单位阶跃函数形式, 有

$$f(t) = H(t) - 2H(t - 1) + H(t - 2)$$

因此,

$$F(s) = \mathcal{L}[f(t)] = \mathcal{L}[H(t)] - 2\mathcal{L}[H(t - 1)] + \mathcal{L}[H(t - 2)]$$
$$= \frac{1}{s} - \frac{2e^{-s}}{s} + \frac{e^{-2s}}{s}$$

2. 频移性质

若 $\mathcal{L}[f(t)] = F(s)$, 则有

$$\mathcal{L}[e^{-at} f(t)] = F(s + a) \tag{3.11}$$

式中, $a$ 为实数。

证 根据 Laplace 变换的定义, 有

$$\mathcal{L}[e^{-at} f(t)] = \int_0^{+\infty} e^{-at} f(t) e^{-st} dt = \int_0^{+\infty} f(t) e^{-(s+a)t} dt$$
$$= F(s + a)$$

这个性质表明, 时间函数乘以 $e^{-at}$ 的 Laplace 变换等于其像函数作位移 $a$。

利用频移性质以及正弦函数与余弦函数的 Laplace 变换, 可求得:

$$\mathcal{L}[e^{-at}\sin(bt)] = \frac{b}{(s+a)^2 + b^2},$$

$$\mathcal{L}[e^{-at}\cos(bt)] = \frac{s+a}{(s+a)^2 + b^2}$$

### 3.2.3 微分性质

若 $\mathcal{L}[f(t)] = F(s)$, 则有

$$\mathcal{L}[f'(t)] = sF(s) - f(0) \tag{3.12}$$

**证** 根据 Laplace 变换的定义, 有

$$\mathcal{L}[f'(t)] = \int_0^{+\infty} f'(t)e^{-st}dt$$

对上式右端利用分步积分法, 可得

$$\int_0^{+\infty} f'(t)e^{-st}dt = f(t)e^{-st}\big|_0^{+\infty} + s\int_0^{+\infty} f(t)e^{-st}dt$$
$$= sF(s) - f(0)$$

所以

$$\mathcal{L}[f'(t)] = sF(s) - f(0)$$

利用式(3.12)可推得 $f(t)$ 的二阶导数的 Laplace 变换为

$$\mathcal{L}[f''(t)] = s^2F(s) - sf(0) - f'(0)$$

重复上述过程, 可推出 $f(t)$ 的 $n$ 阶导数的 Laplace 变换为

$$\mathcal{L}[f^{(n)}(t)] = s^nF(s) - s^{n-1}f(0) - s^{n-2}f'(0) - \cdots - sf^{(n-2)}(0) - f^{(n-1)}(0) \tag{3.13}$$

**例 3.4** 求函数 $f(t) = t^n$ 的 Laplace 变换, 其中 $n$ 为大于 0 的整数。

**解** 因为

$$f(t) = t^n, f'(t) = nt^{n-1}, \cdots, f^{(n)}(t) = n!$$

且

$$f(0) = f'(0) = \cdots = f^{(n-1)}(0) = 0$$

所以

$$\mathcal{L}(n!) = \mathcal{L}[f^{(n)}(t)] = s^n\mathcal{L}[f(t)] = s^n\mathcal{L}[t^n]$$

即

$$\mathcal{L}(t^n) = \frac{\mathcal{L}(n!)}{s^n} = \frac{n!\,\mathcal{L}(1)}{s^n} = \frac{n!}{s^{n+1}}$$

此外, 由 Laplace 变换存在定理, 还可以得到像函数的微分性质:

$$F'(s) = -\mathcal{L}[tf(t)]$$

一般地, 有

$$F^{(n)}(s) = (-1)^n\mathcal{L}[t^nf(t)] \tag{3.14}$$

**例 3.5** 求函数 $f(t) = t\sin(at)$ 的 Laplace 变换。

**解** 因为

$$\mathcal{L}[\sin(at)] = \frac{a}{s^2 + a^2},$$

根据像函数的微分性质，可得

$$\mathcal{L}[t\sin(at)] = -\frac{\mathrm{d}}{\mathrm{d}s}\left(\frac{a}{s^2 + a^2}\right) = \frac{2as}{(s^2 + a^2)^2}$$

### 3.2.4 积分性质

若 $\mathcal{L}[f(t)] = F(s)$，则有

$$\mathcal{L}\left[\int_0^t f(\xi)\mathrm{d}\xi\right] = \frac{1}{s}F(s) \tag{3.15}$$

**证** 令

$$g(t) = \int_0^t f(\xi)\mathrm{d}\xi$$

根据微分性质，有

$$\mathcal{L}[g'(t)] = s\mathcal{L}[g(t)] - g(0)$$

由于 $g'(t) = f(t)$，且 $g(0) = 0$，所以

$$\mathcal{L}[f(t)] = s\mathcal{L}\left[\int_0^t f(\xi)\mathrm{d}\xi\right] - 0$$

即

$$\mathcal{L}\left[\int_0^t f(\xi)\mathrm{d}\xi\right] = \frac{1}{s}F(s)$$

这个性质表明，函数 $f(t)$ 积分的 Laplace 变换等于其像函数 $F(s)$ 除以 $s$。

重复应用式(3.15)，就可得到：

$$\mathcal{L}\left[\int_0^t \mathrm{d}\xi \int_0^t \mathrm{d}\xi \cdots \int_0^t f(\xi)\mathrm{d}\xi\right] = \frac{1}{s^n}F(s) \tag{3.16}$$

**例 3.6** 求 $\mathcal{L}\left(\int_0^t \xi^n \mathrm{e}^{-a\xi}\mathrm{d}\xi\right)$。

**解** 因为

$$\mathcal{L}(t^n \mathrm{e}^{-at}) = \frac{n!}{(s + a)^{n+1}}$$

根据积分性质，可得

$$\mathcal{L}\left(\int_0^t \xi^n \mathrm{e}^{-a\xi}\mathrm{d}\xi\right) = \frac{n!}{s(s + a)^{n+1}}$$

此外，由 Laplace 变换存在定理，还可以得到像函数的积分性质：

$$\mathcal{L}\left[\frac{f(t)}{t}\right] = \int_s^{+\infty} F(z)\mathrm{d}z$$

一般地，有

$$\mathcal{L}\left[\frac{f(t)}{t^n}\right] = \int_s^{+\infty} \mathrm{d}z \int_s^{+\infty} \mathrm{d}z \cdots \int_s^{+\infty} F(z)\mathrm{d}z \tag{3.17}$$

**例 3.7** 求函数 $f(t) = \dfrac{\sin t}{t}$ 的 Laplace 变换。

**解** 因为

$$\mathcal{L}(\sin t) = \frac{1}{s^2 + 1},$$

根据像函数的积分性质, 可得

$$\mathcal{L}\left(\frac{\sin t}{t}\right) = \int_s^{+\infty} \frac{1}{z^2 + 1} dz = \text{arccot} s$$

即

$$\int_0^{+\infty} \frac{\sin t}{t} e^{-st} dt = \text{arccot} s$$

在上式中, 如果令 $s = 0$ 有

$$\int_0^{+\infty} \frac{\sin t}{t} dt = \frac{\pi}{2}$$

这就是著名的 Dirichlet 积分公式。

### 3.2.5   卷积与卷积定理

1. 卷积

如果 $f_1(t)$ 与 $f_2(t)$ 都满足 Laplace 变换条件, 则它们的卷积定义为

$$f_1(t) * f_2(t) = \int_0^t f_1(\xi) f_2(t - \xi) d\xi \qquad (3.18)$$

由卷积的定义, 易得到卷积有如下的性质:

(1) 交换律

$$f_1(t) * f_2(t) = f_2(t) * f_1(t)$$

(2) 结合律

$$f_1(t) * [f_2(t) * f_3(t)] = [f_1(t) * f_2(t)] * f_3(t)$$

(3) 分配律

$$f_1(t) * [f_2(t) \pm f_3(t)] = [f_1(t) * f_2(t)] \pm [f_1(t) * f_3(t)]$$

**例 3.8**   求函数 $f(t) = t$ 和 $g(t) = \sin t$ 的卷积, 即 $t * \sin t$。

**解**    根据卷积定义有

$$t * \sin t = \int_0^t \xi \sin(t - \xi) d\xi = \int_0^t \xi d\cos(t - \xi)$$

$$= \xi \cos(t - \xi) \big|_0^t - \int_0^t \cos(t - \xi) d\xi$$

$$= t + \sin(t - \xi) \big|_0^t$$

$$= t - \sin t$$

2. 卷积定理

如果 $f_1(t), f_2(t)$ 都满足 Laplace 变换存在定理中的条件, 且 $\mathcal{L}[f_1(t)] = F_1(s), \mathcal{L}[f_2(t)] = F_2(s)$, 则

$$\mathcal{L}[f_1(t) * f_2(t)] = F_1(s) \cdot F_2(s) \qquad (3.19a)$$

或

$$\mathcal{L}^{-1}[F_1(s) \cdot F_2(s)] = f_1(t) * f_2(t) \qquad (3.19b)$$

**证**   根据卷积定义, 有

$$\mathcal{L}[f_1(t) * f_2(t)] = \int_0^{+\infty} [f_1(t) * f_2(t)] e^{-st} dt$$

$$= \int_0^{+\infty} \left[ \int_0^t f_1(\xi) f_2(t-\xi) d\xi \right] e^{-st} dt$$

从上面这个积分式子可以看出，积分区域如图 3.1 所示(阴影部分)。由于二重积分绝对可积，因此可以交换积分次序，即

$$\mathcal{L}[f_1(t) * f_2(t)] = \int_0^t f_1(\xi) \left[ \int_0^{+\infty} f_2(t-\xi) e^{-st} dt \right] d\xi$$

令 $t - \xi = u$，则有

$$\int_0^{+\infty} f_2(t-\xi) e^{-st} dt = \int_0^{+\infty} f_2(u) e^{-s(u+\xi)} du = e^{-s\xi} F_2(s)$$

所以

$$\mathcal{L}[f_1(t) * f_2(t)] = \int_0^t f_1(\xi) e^{-s\xi} F_2(s) d\xi$$

$$= F_2(s) \int_0^t f_1(\xi) e^{-s\xi} d\xi$$

$$= F_1(s) \cdot F_2(s)$$

这个性质表明，两个函数卷积的 Laplace 变换等于这两个函数 Laplace 变换的乘积。

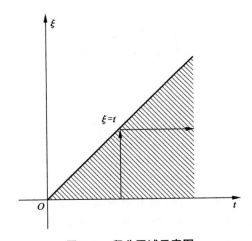

图 3.1　积分区域示意图

卷积定理可推广到多个函数的情形。利用卷积定理可以求出一些函数的 Laplace 逆变换。

**例 3.9**　已知 $F(s) = \dfrac{s}{(s^2+1)^2}$，求 $f(t) = \mathcal{L}^{-1}[F(s)]$。

**解**　由于

$$F(s) = \frac{s}{(s^2+1)^2} = \frac{s}{s^2+1} \cdot \frac{1}{s^2+1} = \mathcal{L}[\cos t] \mathcal{L}[\sin t] = \mathcal{L}[\cos t * \sin t]$$

而

$$\mathcal{L}[\cos t * \sin t] = \int_0^t \sin(t-\xi)\cos\xi \mathrm{d}\xi = \frac{1}{2}\int_0^t [\sin t + \sin(t-2\xi)]\mathrm{d}\xi$$

$$= \frac{1}{2}\int_0^t \sin t \mathrm{d}\xi + \frac{1}{2}\int_0^t \sin(t-2\xi)\mathrm{d}\xi$$

$$= \frac{1}{2}\sin t \cdot \xi \Big|_0^t + \frac{1}{4}\cos(t-2\xi)\Big|_0^t$$

$$= \frac{1}{2}t\sin t$$

根据卷积定理可得

$$f(t) = \mathcal{L}^{-1}[F(s)] = \cos t * \sin t = \frac{1}{2}t\sin t$$

## 3.3 Laplace 逆变换的计算方法

运用 Laplace 变换求解问题时，常常需要由像函数 $F(s)$ 求像原函数 $f(t)$。从前面的讨论中，我们已经知道了可以利用 Laplace 变换的性质并根据一些已知的变换来求像原函数，其中对像函数 $F(s)$ 进行分解（或分离）是比较关键的一步，至于已知的变换则可以通过查表获得（见附录 B）。这种方法在许多情况下不失为一种有效而简单的方法，因而常常被使用，但其使用范围是有限的。当 $F(s)$ 较复杂时，通常需要利用部分分式法或留数法才能求出 $f(t)$，下面就分别介绍这两种 Laplace 逆变换的计算方法。

### 3.3.1 部分分式展开法

若像函数 $F(s)$ 是有理函数，即

$$F(s) = \frac{N(s)}{D(s)} = \frac{b_m s^m + b_{m-1}s^{m-1} + \cdots + b_1 s + b_0}{a_n s^n + a_{n-1}s^{n-1} + \cdots + a_1 s + a_0}$$

式中，系数 $a_i$，$b_j$ 均为实数；$m$，$n$ 为正整数。

部分分式法的实质是将像函数 $F(s)$ 展开成为简单分式之和，然后逐项求出其 Laplace 变换。如果 $m \geq n$，还需在部分分式展开之前，首先利用长除法将假分式 $F(s)$ 分成 $s$ 的多项式与真分式之和，即化成如下形式：

$$F(s) = \frac{N(s)}{D(s)} = B_{m-n}s^{m-n} + B_{m-n-1}s^{m-n-1} + \cdots + B_1 s + B_0 + \frac{N_1(s)}{D(s)} \tag{3.20}$$

式中，$\dfrac{N_1(s)}{D(s)}$ 是有理真分式。

式 (3.20) 中 $s$ 的多项式 $B_{m-n}s^{m-n} + B_{m-n-1}s^{m-n-1} + \cdots + B_1 s + B_0$ 的 Laplace 变换是冲激函数及其各阶导数之和，所以我们只要讨论 $N_1(s)/D(s)$ 是真分式时的逆变换就可以了。

$F(s)$ 的分母多项式 $D(s)$ 是 $s$ 的 $n$ 次多项式，可以将其分解为 $n$ 个因子的乘积，即

$$D(s) = a_n(s-s_1)(s-s_2)\cdots(s-s_n)$$

若令 $D(s) = 0$，则该方程的根 $s_1$，$s_2$，$\cdots$，$s_n$ 称为 $F(s)$ 的极点。根据极点的不同特点，部分分式展开将有下列几种不同情况（为简化起见，可设 $a_n = 1$）。

1. 极点为方程 $D(s) = 0$ 的互异实根

像函数 $F(s)$ 展开部分分式有

$$F(s) = \frac{N(s)}{D(s)} = \frac{N(s)}{(s - s_1)(s - s_2)\cdots(s - s_n)}$$

$$= \frac{k_1}{s - s_1} + \frac{k_2}{s - s_2} + \cdots \frac{k_n}{s - s_n}$$

$$= \sum_{i=1}^{n} \frac{k_i}{s - s_i} \tag{3.21}$$

式中, $k_1$, $k_2$, $\cdots$, $k_n$ 是 $n$ 个待定系数。

为了确定系数, 可以在式(3.21)两边同乘以因子 $(s - s_i)$, 再令 $s = s_i$, 于是式(3.21)中等号右边仅存 $k_i$ 一项, 它由等号左边的运算求出:

$$k_i = (s - s_i)\frac{N(s)}{D(s)}\bigg|_{s=s_i} \tag{3.22}$$

这样就可以得到

$$\mathcal{L}^{-1}[F(s)] = \mathcal{L}^{-1}\left[\sum_{i=1}^{n} \frac{k_i}{s - s_i}\right]$$

$$= \sum_{i=1}^{n} k_i e^{s_i t} \tag{3.23}$$

**例 3.10** 求 $\mathcal{L}^{-1}\left(\dfrac{1}{s^2 + 3s + 2}\right)$。

**解** 因为

$$D(s) = s^2 + 3s + 2 = (s+1)(s+2)$$

故 $\dfrac{1}{s^2 + 3s + 2}$ 有两个互异实极点 $s_1 = -1$, $s_2 = -2$。像函数经部分分式分解, 得到

$$\frac{1}{s^2 + 3s + 2} = \frac{k_1}{s + 1} + \frac{k_2}{s + 2}$$

由式(3.22)求得

$$k_1 = (s - s_1)\frac{N(s)}{D(s)}\bigg|_{s=s_1} = (s+1)\frac{1}{(s+1)(s+2)}\bigg|_{s=-1} = 1,$$

$$k_2 = (s - s_2)\frac{N(s)}{D(s)}\bigg|_{s=s_2} = (s+2)\frac{1}{(s+1)(s+2)}\bigg|_{s=-2} = -1$$

于是

$$\frac{1}{s^2 + 3s + 2} = \frac{1}{s + 1} + \frac{-1}{s + 2}$$

所以

$$\mathcal{L}^{-1}\left(\frac{1}{s^2 + 3s + 2}\right) = \mathcal{L}^{-1}\left(\frac{1}{s + 1} + \frac{-1}{s + 2}\right) = e^{-t} - e^{-2t}$$

2. 极点为方程 $D(s) = 0$ 的共轭复根

由于 $D(s)$ 的系数均为实数, 所以当 $D(s) = 0$ 有复数根出现时, 必为共轭复根。此时仍可

利用上面介绍的方法进行 Laplace 逆变换。

**例 3.11**  求 $\mathcal{L}^{-1}\left(\dfrac{s}{s^2 + 2s + 5}\right)$。

**解**  因为 $D(s) = 0$ 的根为 $s_{1,2} = -1 \pm 2\mathrm{i}$，故像函数经部分分式分解得

$$\frac{1}{s^2 + 2s + 5} = \frac{k_1}{s + 1 - 2\mathrm{i}} + \frac{k_2}{s + 1 + 2\mathrm{i}}$$

由式(3.22) 求得

$$k_1 = (s + 1 - 2\mathrm{i}) \left.\frac{N(s)}{D(s)}\right|_{s = -1 + 2\mathrm{i}} = \frac{1}{4}(2 + \mathrm{i}),$$

$$k_2 = (s + 1 + 2\mathrm{i}) \left.\frac{N(s)}{D(s)}\right|_{s = -1 - 2\mathrm{i}} = \frac{1}{4}(2 - \mathrm{i})$$

于是

$$\frac{1}{s^2 + 2s + 5} = \frac{1}{4}\frac{2 + \mathrm{i}}{s + 1 - 2\mathrm{i}} + \frac{1}{4}\frac{2 - \mathrm{i}}{s + 1 + 2\mathrm{i}}$$

所以

$$\mathcal{L}^{-1}\left(\frac{1}{s^2 + 2s + 5}\right) = \frac{1}{4}\mathcal{L}^{-1}\left(\frac{2 + \mathrm{i}}{s + 1 - 2\mathrm{i}} + \frac{2 - \mathrm{i}}{s + 1 + 2\mathrm{i}}\right)$$

$$= \frac{1}{4}\left[(2 + \mathrm{i})\mathrm{e}^{-(1 - 2\mathrm{i})t} + (2 - \mathrm{i})\mathrm{e}^{-(1 + 2\mathrm{i})t}\right]$$

$$= \frac{1}{2}\mathrm{e}^{-t}(2\cos 2t - \sin 2t)$$

3. 极点为方程 $D(s) = 0$ 的重根

若 $D(s) = 0$ 有 $p$ 重根 $s_1$，其余均为单根，则 $D(s)$ 的因式分解为

$$D(s) = (s - s_1)^p(s - s_{p+1}) \cdots (s - s_n)$$

这时，$F(s)$ 的部分分式展开成如下形式：

$$F(s) = \frac{N(s)}{D(s)}$$

$$= \frac{k_{11}}{(s - s_1)^p} + \frac{k_{12}}{(s - s_1)^{p-1}} + \cdots + \frac{k_{1p}}{s - s_1} + \frac{k_{p+1}}{s - s_{p+1}} + \cdots + \frac{k_n}{s - s_n} \tag{3.24}$$

式中，由含单极点因子组成的部分分式系数 $k_{p+1}, \cdots, k_n$ 的求法与之前所述相同，而含 $p$ 重极点 $s_1$ 的因子组成的部分分式系数 $k_{11}, k_{12} \cdots, k_{1p}$ 可通过下述步骤求得。

$k_{11}$ 可直接由下式求出：

$$k_{11} = (s - s_1)^p \left.\frac{N(s)}{D(s)}\right|_{s = s_1} \tag{3.25}$$

其他系数 $k_{12} \cdots, k_{1p}$ 则需通过另外途径求出。如若求 $k_{12}$，可先将式(3.24) 两边同乘以 $(s - s_1)^p$ 得

$$(s - s_1)^p F(s) = \left[k_{11} + k_{12}(s - s_1) + \cdots + k_{1p}(s - s_1)^{p-1}\right] +$$

$$(s - s_1)^p\left(\frac{k_{p+1}}{s - s_{p+1}} + \cdots + \frac{k_n}{s - s_n}\right)$$

将上式两边分别对 $s$ 求导, 得

$$\frac{\mathrm{d}}{\mathrm{d}s}\big[(s-s_1)^p F(s)\big] = \big[k_{12} + \cdots + k_{1p}(p-1)(s-s_1)^{p-2}\big] +$$

$$\frac{\mathrm{d}}{\mathrm{d}s}\Big[(s-s_1)^p\Big(\frac{k_{p+1}}{s-s_{p+1}} + \cdots + \frac{k_n}{s-s_n}\Big)\Big]$$

上式等号右边各项除 $k_{12}$ 外, 其余各项均含 $(s-s_1)$ 因子, 若令 $s=s_i$, 则可求出

$$k_{12} = \frac{\mathrm{d}}{\mathrm{d}s}\big[(s-s_1)^p F(s)\big]\big|_{s=s_1} \tag{3.26}$$

依次类推, 可得出

$$k_{1i} = \frac{1}{(i-1)!}\frac{\mathrm{d}^{i-1}}{\mathrm{d}s^{i-1}}\big[(s-s_1)^p F(s)\big]\big|_{s=s_1} \tag{3.27}$$

待全部系数确定之后, 便能容易地求得 Laplace 逆变换。

**例 3.12** 求 $\mathcal{L}^{-1}\Big[\dfrac{s+2}{s(s+1)^3}\Big]$。

**解** 因为 $F(s)$ 有一单极点 $s=0$ 和三重极点 $s=-1$, 故像函数经部分分式分解得

$$F(s) = \frac{k_{11}}{(s+1)^3} + \frac{k_{12}}{(s+1)^2} + \frac{k_{13}}{(s+1)} + \frac{k_2}{s}$$

易于求出

$$k_2 = s\frac{s+2}{s(s+1)^3}\Big|_{s=0} = 2$$

由式(3.27) 可分别求出其余各待定系数:

$$k_{11} = \big[(s+1)^3 F(s)\big]\big|_{s=-1} = \Big[(s+1)^3\frac{s+2}{s(s+1)^3}\Big]\Big|_{s=-1} = -1,$$

$$k_{12} = \frac{\mathrm{d}}{\mathrm{d}s}\big[(s+1)^3 F(s)\big]\big|_{s=-1} = \frac{\mathrm{d}}{\mathrm{d}s}\Big[(s+1)^3\frac{s+2}{s(s+1)^3}\Big]\Big|_{s=-1} = -2,$$

$$k_{13} = \frac{1}{2}\frac{\mathrm{d}^2}{\mathrm{d}s^2}\big[(s+1)^3 F(s)\big]\big|_{s=-1} = \frac{1}{2}\frac{\mathrm{d}^2}{\mathrm{d}s^2}\Big[(s+1)^3\frac{s+2}{s(s+1)^3}\Big]\Big|_{s=-1} = -2$$

于是

$$\mathcal{L}^{-1}\Big[\frac{s+2}{s(s+1)^3}\Big] = \mathcal{L}^{-1}\Big[\frac{-1}{(s+1)^3} + \frac{-2}{(s+1)^2} + \frac{-2}{(s+1)} + \frac{2}{s}\Big]$$

$$= -\frac{1}{2}t^2\mathrm{e}^{-t} - 2t\mathrm{e}^{-t} - 2\mathrm{e}^{-t} + 2$$

**例 3.13** 求 $\mathcal{L}^{-1}\Big[\dfrac{s}{(s+2)^2(s^2+1)}\Big]$。

**解** 因为 $F(s)$ 有两个单极点 $s=\pm\mathrm{i}$ 和二重极点 $s=-2$, 故像函数经部分分式分解得

$$F(s) = \frac{k_{11}}{(s+2)^2} + \frac{k_{12}}{(s+2)^2} + \frac{k_2}{s+\mathrm{i}} + \frac{k_3}{s-\mathrm{i}}$$

易于求出

$$k_2 = (s - i)\left.\frac{s}{(s+2)^2(s^2+1)}\right|_{s=i} = \frac{1}{6+8i},$$

$$k_3 = (s + i)\left.\frac{s}{(s+2)^2(s^2+1)}\right|_{s=-i} = \frac{1}{6-8i}$$

由式(3.27)可分别求出其余各待定系数:

$$k_{11} = \left[(s+2)^2 F(s)\right]\big|_{s=-2} = \left[(s+2)^2\frac{s}{(s+2)^2(s^2+1)}\right]\Big|_{s=-2} = -\frac{2}{5},$$

$$k_{12} = \frac{d}{ds}\left[(s+2)^2 F(s)\right]\big|_{s=-2} = \frac{d}{ds}\left[(s+2)^2\frac{s}{(s+2)^2(s^2+1)}\right]\Big|_{s=-2} = -\frac{3}{25}$$

于是

$$\mathcal{L}^{-1}\left[\frac{s}{(s+2)^2(s^2+1)}\right] = -\frac{2}{5}te^{-2t} - \frac{3}{25}e^{-2t} + \frac{1}{6+8i}e^{it} + \frac{1}{6-8i}e^{-it}$$

$$= -\frac{2}{5}te^{-2t} - \frac{3}{25}e^{-2t} + \frac{3}{25}\cos t + \frac{4}{25}\sin t$$

### 3.3.2  留数法

Laplace 变换除用查表、卷积定理或部分分式展开法外,还可用围线积分法,因要借用复变函数中的留数定理,故又称留数法。

按照 Laplace 逆变换的公式(3.2):

$$f(t) = \frac{1}{2\pi i}\int_{\gamma-i\infty}^{\gamma+i\infty} F(s)e^{st}ds$$

去计算 $f(t)$ 通常是困难的。为便于计算上式,可利用留数定理,即若函数的闭合区域内除有限个孤立奇点 $s_1, s_2, \cdots, s_n$ 外处处解析,则

$$\frac{1}{2\pi i}\int_{\gamma-i\infty}^{\gamma+i\infty} F(s)e^{st}ds = \sum_{k=1}^{n}\text{Res}\left[F(s)e^{st}, s_k\right]$$

即

$$f(t) = \sum_{k=1}^{n}\text{Res}\left[F(s)e^{st}, s_k\right] \tag{3.28}$$

**证**  作图 3.2 所示的闭曲线 $C = L + C_R$,$C_R$ 在 $\text{Re}(s) < \gamma$ 的区域内是半径为 $R$ 的圆弧,当 $R$ 充分大时,可使 $s_k(k=1,2,\cdots,n)$ 都在 $C$ 内。由于 $F(s)e^{st}$ 除孤立奇点 $s_k(k=1,2,\cdots,n)$ 外是解析的,故由留数定理有

$$\oint_C F(s)e^{st}ds = 2\pi i\sum_{k=1}^{n}\text{Res}\left[F(s)e^{st}, s_k\right]$$

即

$$\frac{1}{2\pi i}\left[\int_{\gamma-iR}^{\gamma+iR} F(s)e^{st}ds + \int_{C_R} F(s)e^{st}ds\right] = \sum_{k=1}^{n}\text{Res}\left[F(s)e^{st}, s_k\right]$$

在上式左端,取 $R\to\infty$ 时的极限,并根据复变函数中的 Jordan 引理,当 $t>0$ 时,有

$$\lim_{R\to+\infty}\int_{C_R} F(s)e^{st}ds = 0$$

从而可得

$$\frac{1}{2\pi i}\int_{\gamma-i\infty}^{\gamma+i\infty} F(s)e^{st}ds = \sum_{k=1}^{n} \text{Res}[F(s)e^{st}, s_k]$$

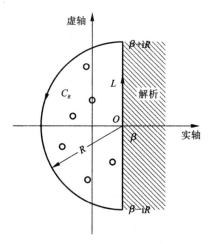

图 3.2   $s$ 平面闭曲线示意图

**例 3.14**   利用留数法求 $\mathcal{L}^{-1}\left(\dfrac{s}{s^2+1}\right)$。

**解**   因为像函数 $F(s)$ 有两个一级极点 $s=\pm i$，计算留数得

$$\text{Res}[F(s)e^{st}, -i] = \lim_{s\to -i}(s+i)\frac{se^{st}}{s^2+1} = \frac{1}{2}e^{-it},$$

$$\text{Res}[F(s)e^{st}, i] = \lim_{s\to i}(s-i)\frac{se^{st}}{s^2+1} = \frac{1}{2}e^{it}$$

所以

$$\mathcal{L}^{-1}\left(\frac{s}{s^2+1}\right) = \text{Res}[F(s)e^{st}, -i] + \text{Res}[F(s)e^{st}, i]$$

$$= \frac{e^{it}+e^{-it}}{2} = \cos t$$

这与我们熟知的结果是一致的。

**例 3.15**   利用留数法求 $\mathcal{L}^{-1}\left[\dfrac{s}{(s+1)^2(s+3)}\right]$。

**解**   因为像函数 $F(s)$ 有一级极点 $s=-3$ 和二级极点 $s=-1$，计算留数得

$$\text{Res}[F(s)e^{st}, -3] = \lim_{s\to -3}(s+3)\frac{se^{st}}{(s+1)^2(s+3)} = -\frac{3}{4}e^{-3t},$$

$$\text{Res}[F(s)e^{st}, -1] = \lim_{s\to -1}\frac{1}{(2-1)!}\frac{d}{ds}\left[(s+1)^2\frac{se^{st}}{(s+1)^2(s+3)}\right]$$

$$= \frac{3}{4}e^{-t} - \frac{1}{2}te^{-t}$$

所以

$$\mathscr{L}^{-1}\left[\frac{s}{(s+1)^2(s+3)}\right] = \mathrm{Res}[F(s)\mathrm{e}^{st}, -3] + \mathrm{Res}[F(s)\mathrm{e}^{st}, -1]$$

$$= -\frac{3}{4}\mathrm{e}^{-3t} + \frac{3}{4}\mathrm{e}^{-t} - \frac{1}{2}t\mathrm{e}^{-t}$$

**例 3.16**  求 $F(s) = \dfrac{s}{(s-4)(s-2)^2}$ 的逆变换。

**解**  我们可以采用不同的方法求 $F(s)$ 的逆变换 $f(t)$ :

方法一(留数法):

因为像函数 $F(s)$ 有一级极点 $s = 4$ 和二级极点 $s = 2$ , 计算留数得

$$\mathrm{Res}[F(s)\mathrm{e}^{st}, 4] = \lim_{s\to 4}(s-4)\frac{s\mathrm{e}^{st}}{(s-4)(s-2)^2} = \mathrm{e}^{4t},$$

$$\mathrm{Res}[F(s)\mathrm{e}^{st}, 2] = \lim_{s\to 2}\frac{1}{(2-1)!}\frac{\mathrm{d}}{\mathrm{d}s}\left[(s-2)^2\frac{s\mathrm{e}^{st}}{(s-4)(s-2)^2}\right]$$

$$= -\mathrm{e}^{2t} - t\mathrm{e}^{2t}$$

所以

$$\mathscr{L}^{-1}\left[\frac{s}{(s-4)(s-2)^2}\right] = \mathrm{Res}[F(s)\mathrm{e}^{st}, 4] + \mathrm{Res}[F(s)\mathrm{e}^{st}, 4]$$

$$= \mathrm{e}^{4t} - \mathrm{e}^{2t} - t\mathrm{e}^{2t}$$

方法二(部分分式展开法):

因为 $F(s)$ 为一有理分式, 可以将其化成

$$F(s) = \frac{s}{(s-4)(s-2)^2} = \frac{1}{s-4} - \frac{1}{s-2} - \frac{1}{(s-2)^2}$$

所以

$$\mathscr{L}^{-1}\left[\frac{s}{(s-4)(s-2)^2}\right] = \mathrm{e}^{4t} - \mathrm{e}^{2t} - t\mathrm{e}^{2t}$$

方法三(卷积定理法):

因为

$$F(s) = \frac{s}{(s-4)(s-2)^2} = \frac{s}{s-4} \cdot \frac{1}{(s-2)^2} = \left(1 + \frac{4}{s-4}\right)\frac{1}{(s-2)^2}$$

其中

$$\mathscr{L}^{-1}\left(1 + \frac{4}{s-4}\right) = \delta(t) + 4\mathrm{e}^{4t}, \quad \mathscr{L}^{-1}\left[\frac{1}{(s-2)^2}\right] = t\mathrm{e}^{2t}$$

所以

$$\mathscr{L}^{-1}\left[\frac{s}{(s-4)(s-2)^2}\right] = [\delta(t) + 4\mathrm{e}^{4t}] * t\mathrm{e}^{2t}$$

$$= \int_0^t [\delta(\xi) + 4\mathrm{e}^{4\xi}](t-\xi)\mathrm{e}^{2(t-\xi)}\mathrm{d}\xi$$

$$= \int_0^t \delta(\xi)(t-\xi)\mathrm{e}^{2(t-\xi)}\mathrm{d}\xi + \int_0^t 4\mathrm{e}^{4\xi}(t-\xi)\mathrm{e}^{2(t-\xi)}\mathrm{d}\xi$$

$$= te^{2t} + 4e^{2t} \left[ \int_0^t te^{2\xi} d\xi - \int_0^t \xi e^{2\xi} d\xi \right]$$

$$= te^{2t} + 4e^{2t} \left( -\frac{t}{2} + \frac{1}{4}e^{2t} - \frac{1}{4} \right)$$

$$= e^{4t} - e^{2t} - te^{2t}$$

方法四(查表法):

根据附录 B 中的公式(40), 在 $a = -4$ 和 $b = -2$ 时, 有

$$\mathcal{L}^{-1}\left[ \frac{s}{(s-4)(s-2)^2} \right] = \left. \frac{[a - b(a-b)t]e^{-bt} - ae^{-at}}{(a-b)^2} \right|_{\substack{a=-4 \\ b=-2}}$$

$$= e^{4t} - e^{2t} - te^{2t}$$

## 3.4 Laplace 变换及其逆变换的 Matlab 运算

### 3.4.1 Laplace 变换计算

Matlab 符号工具箱提供了 laplace( ) 函数来进行 Laplace 变换的计算, 其调用格式为:

(1)$L = \text{laplace}(F)$: 返回符号函数 $F$ 的 Laplace 变换。输入值 $F$ 的参量为默认变量 $t$, 返回值 $L$ 的参量为默认变量 $s$, 即

$$L(s) = \int_0^{+\infty} F(t)e^{-st}dt$$

(2)$L = \text{laplace}(F, z)$: 返回符号函数 $F$ 的 Laplace 变换。输入值 $F$ 的参量为默认变量 $t$, 返回值 $L$ 的参量为默认变量 $z$, 即

$$L(z) = \int_0^{+\infty} F(t)e^{-zt}dt$$

(3)$L = \text{laplace}(F, w, u)$: 返回符号函数 $F$ 的 Laplace 变换。输入值 $F$ 的参量为指定变量 $w$, 返回值 $L$ 的参量为指定变量 $u$, 即

$$L(u) = \int_0^{+\infty} F(w)e^{-zw}dw$$

下面, 我们通过例子来演示 Laplace 变换的计算。

**例 3.17** 求函数 $f(t) = t^n (n > 0)$ 的 Laplace 变换。

**解** 当 $n > 0$ 时, 有

$$F(s) = \mathcal{L}(t^n) = \frac{\Gamma(n+1)}{s^{n+1}}$$

特别地, 当 $n$ 为正整数时,

$$F(s) = \mathcal{L}(t^n) = \frac{n!}{s^{n+1}}$$

采用 Matlab 计算的脚本代码如下:

```
>> clear all;
>> syms s t;
>> syms n positive;
```

```
>> f = t^n;
>> F = laplace(f, t, s)
F =
gamma(n + 1)/s^(n + 1)
```

**例 3.18**  求函数 $f(t) = t\cos(at)$ 的 Laplace 变换。

**解**  因为

$$\mathcal{L}[\cos(at)] = \frac{s}{s^2 + a^2},$$

根据像函数的微分性质，可得

$$\mathcal{L}[t\cos(at)] = -\frac{\mathrm{d}}{\mathrm{d}s}\left(\frac{s}{s^2 + a^2}\right) = \frac{s^2 - a^2}{(s^2 + a^2)^2}$$

采用 Matlab 计算的脚本代码如下：

```
>> clear all;
>> syms a s t;
>> f = t * cos(a * t);
>> F = laplace(f, t, s)
F =
(2 * s^2)/(a^2 + s^2)^2 - 1/(a^2 + s^2)
```

**例 3.19**  求函数 $f(t) = \dfrac{\mathrm{e}^{bt} - \mathrm{e}^{at}}{t}$ 的 Laplace 变换。

**解**  因为

$$\mathcal{L}(\mathrm{e}^{bt}) = \frac{1}{s - b}, \ \mathcal{L}[\mathrm{e}^{at}] = \frac{1}{s - a}$$

根据像函数的积分性质，可得

$$
\begin{aligned}
\mathcal{L}\left(\frac{\mathrm{e}^{bt} - \mathrm{e}^{at}}{t}\right) &= \int_s^{+\infty}\left(\frac{1}{z - b} - \frac{1}{z - a}\right)\mathrm{d}z \\
&= \lim_{x \to +\infty}\int_s^x\left(\frac{1}{z - b} - \frac{1}{z - a}\right)\mathrm{d}z \\
&= \lim_{x \to +\infty}\left(\ln\frac{x - b}{x - a} - \ln\frac{s - b}{s - a}\right) \\
&= \ln(1) - \ln\frac{s - b}{s - a} = -\ln\frac{s - b}{s - a}
\end{aligned}
$$

采用 Matlab 计算的脚本代码如下：

```
>> clear all;
>> syms a b s t;
>> f = (exp(b * t) - exp(a * t))/t;
>> F = laplace(f, t, s)
F =
- log((b - s)/(a - s))
```

另外，根据 Laplace 变换的定义，我们也可以通过 Matlab 提供的符号积分函数 int( ) 来求出变换的结果。特别是求解分段函数的 Laplace 变换，int( ) 函数非常方便，现举例如下。

**例 3. 20**　求下列 Laplace 变换：

$$f(t) = \begin{cases} e^t, & 0 < t < 2 \\ 0, & t > 2 \end{cases}$$

**解**　根据 Laplace 变换的定义，有

$$F(s) = \mathcal{L}[f(t)] = \int_0^{+\infty} f(t)e^{-st}dt \int_0^2 e^{(1-s)t}dt$$

$$= \frac{e^{2(1-s)} - 1}{1 - s}$$

采用 Matlab 计算的脚本代码如下：

```
>> clear all;
>> syms s t;
>> f = exp(t) * exp(- s * t);
>> F = int(f, t, 0, 2)
F =
- (exp(2 - 2 * s) - 1)/(s - 1)
```

## 3.4.2　Laplace 逆变换计算

Matlab 符号工具箱提供了 ilaplace( ) 函数来进行 Laplace 逆变换的计算，其调用格式为：

(1) $F = ilaplace(L)$：返回符号函数 $L$ 的 Laplace 逆变换。输入值 $L$ 的参量为默认变量 $s$，返回值 $F$ 的参量为默认变量 $t$。

(2) $F = ilaplace(L, y)$：返回符号函数 $L$ 的 Laplace 逆变换。输入值 $L$ 的参量为默认变量 $s$，返回值 $F$ 的参量为指定变量 $y$。

(3) $F = ilaplace(L, y, x)$：返回符号函数 $L$ 的 Laplace 逆变换。输入值 $L$ 的参量为指定变量 $y$，返回值 $F$ 的参量为指定变量 $x$。

下面，我们通过例子来演示 Laplace 逆变换的计算。

**例 3. 21**　求函数 $F(s) = \dfrac{s - 5}{s^2 + 6s + 13}$ 的 Laplace 逆变换。

**解**　因为

$$\frac{s - 5}{s^2 + 6s + 13} = \frac{s - 5}{(s + 3)^2 + 4} = \frac{(s + 3) - 8}{(s + 3)^2 + 4}$$

根据 Laplace 变换的频移性质和线性性质，有

$$\mathcal{L}^{-1}\left(\frac{s - 5}{s^2 + 6s + 13}\right) = \mathcal{L}^{-1}\left[\frac{(s + 3) - 8}{(s + 3)^2 + 4}\right] = e^{-3t}\mathcal{L}^{-1}\left(\frac{s - 8}{s^2 + 4}\right)$$

$$= e^{-3t}\mathcal{L}^{-1}\left(\frac{s}{s^2 + 4}\right) - 4e^{-3t}\mathcal{L}^{-1}\left(\frac{2}{s^2 + 4}\right)$$

$$= e^{-3t}(\cos 2t - 4\sin 2t)$$

采用 Matlab 计算的脚本代码如下：

```
> > clear all;
> > syms s t;
> > F = (s - 5)/(s^2 + 6 * s + 13);
> > f = ilaplace(F, s, t)
f =
ex(- 3 * t) * (cos(2 * t) - 4 * sin(2 * t))
```

**例 3. 22**    求函数 $F(s) = \dfrac{1}{s^2(1 + s^2)}$ 的 Laplace 逆变换。

**解**    因为

$$F(s) = \frac{1}{s^2(1 + s^2)} = \frac{1}{s^2} \cdot \frac{1}{s^2 + 1}$$

所以取

$$F_1(s) = \frac{1}{s^2}, \ F_2(s) = \frac{1}{s^2 + 1}$$

于是

$$f_1(t) = t, f_2(t) = \sin t$$

根据卷积定理，有

$$\mathcal{L}^{-1}\left[\frac{1}{s^2(1 + s^2)}\right] = f_1(t) * f_2(t) = t * \sin t$$

$$= \int_0^t \xi \sin(t - \xi)\,\mathrm{d}\xi$$

$$= \xi \cos(t - \xi)\,\big|_0^t - \int_0^t \cos(t - \xi)\,\mathrm{d}\xi$$

$$= t - \sin t$$

采用 Matlab 计算的脚本代码如下：

```
> > clear all;
> > syms s t;
> > F = 1/(s^2 * (1 + s^2));
> > f = ilaplace(F, s, t)
f =
t - sin(t)
```

**例 3. 23**    求函数 $F(s) = \dfrac{\mathrm{e}^{-3s}}{s^2(s - 1)}$ 的 Laplace 逆变换。

**解**    根据 Laplace 逆变换公式有

$$f(t) = \frac{1}{2\pi\mathrm{i}} \int_{\gamma-\mathrm{i}\infty}^{\gamma+\mathrm{i}\infty} F(s)\,\mathrm{e}^{st}\,\mathrm{d}s$$

$$= \frac{1}{2\pi\mathrm{i}} \int_{\gamma-\mathrm{i}\infty}^{\gamma+\mathrm{i}\infty} \frac{\mathrm{e}^{(t-3)s}}{s^2(s - 1)}\,\mathrm{d}s$$

$$= \frac{1}{2\pi i}\oint_C \frac{e^{(t-3)s}}{s^2(s-1)}ds - \frac{1}{2\pi i}\int_{C_R} \frac{e^{(t-3)s}}{s^2(s-1)}ds$$

当 $t < 3$ 时，$f(t) = 0$；

当 $t > 3$ 时，因为像函数 $F(s)$ 有一级极点 $s = 1$ 和二级极点 $s = 0$，则有

$$f(t) = \text{Res}\left[\frac{e^{(t-3)s}}{s^2(s-1)}, 1\right] + \text{Res}\left[\frac{e^{(t-3)s}}{s^2(s-1)}, 0\right]$$

计算留数得

$$\text{Res}[F(s)e^{st}, 1] = \lim_{s\to 1}\left[(s-1)\frac{e^{(t-3)s}}{s^2(s-1)}\right] = e^{t-3},$$

$$\text{Res}[F(s)e^{st}, 0] = \lim_{s\to 0}\frac{1}{(2-1)!}\frac{d}{ds}\left[s^2\frac{e^{(t-3)s}}{s^2(s-1)}\right]$$

$$= \lim_{s\to 0}\left[\frac{(t-3)e^{(t-3)s}}{s-1} - \frac{e^{(t-3)s}}{(s-1)^2}\right]$$

$$= 2 - t$$

故

$$f(t) = e^{t-3} + 2 - t$$

综合得

$$\mathcal{L}^{-1}\left[\frac{e^{-3s}}{s^2(s-1)}\right] = [e^{t-3} + 2 - t]H(t-3)$$

采用 Matlab 计算的脚本代码如下：

```
>> syms s t;
>> F = exp(-3*s)/(s^2*(s-1));
>> f = ilaplace(F, s, t)
f =
heaviside(t - 3)*(exp(t - 3) - t + 2)
```

### 3.4.3 卷积计算

根据 Laplace 变换的卷积定义，我们可以通过求定积分的形式计算卷积。Matlab 提供的符号积分函数 int() 可以计算定积分，从而实现卷积的计算。下面，我们通过例子来演示 Fourier 变换的卷积计算方法。

**例 3.24** 求下列函数的卷积：

$$f(t) = H(t-1) - H(t-2),$$
$$g(t) = e^t$$

**解** 根据卷积定义有

$$f(t)*g(t) = \int_0^t f(\xi)g(t-\xi)d\xi$$

$$= \int_0^t [H(\xi-1) - H(\xi-2)]e^{t-\xi}d\xi$$

$$= e^t \int_0^t e^{-\xi} [H(\xi - 1) - H(\xi - 2)] d\xi$$

当 $t < 1$ 时，

$$f(t) * g(t) = e^t \int_0^t e^{-\xi} [H(\xi - 1) - H(\xi - 2)] d\xi = e^t \int_0^t e^{-\xi} \cdot 0 d\xi = 0$$

当 $1 < t < 2$ 时，

$$f(t) * g(t) = e^t \int_0^t e^{-\xi} [H(\xi - 1) - H(\xi - 2)] d\xi = e^t \int_1^t e^{-\xi} \cdot 1 d\xi = e^{t-1} - 1$$

当 $t > 2$ 时，

$$f(t) * g(t) = e^t \int_0^t e^{-\xi} [H(\xi - 1) - H(\xi - 2)] d\xi = e^t \int_1^2 e^{-\xi} \cdot 1 d\xi = e^{t-1} - e^{t-2}$$

综合得

$$f(t) * g(t) = \begin{cases} 0, & 0 < t < 1 \\ e^{t-1} - 1, & 1 < t < 2 \\ e^{t-1} - e^{t-2}, & t > 2 \end{cases}$$

即

$$f(t) * g(t) = (e^{t-1} - 1)H(t - 1) - (e^{t-2} - 1)H(t - 2)$$

采用 Matlab 计算的脚本代码如下：

```
>> clear all;
>> syms x t positive;
>> f = exp(t - x) * (heaviside(x - 1) - heaviside(x - 2));
>> result = int(f, x, 0, t)
result =
heaviside(t - 1) * (exp(t - 1) - 1) - heaviside(t - 2) * (exp(t - 2) - 1)
```

**例 3.25** 求函数 $\dfrac{1}{(s^2 + a^2)^2}$ 的 Laplace 逆变换。

**解** 因为

$$\frac{1}{(s^2 + a^2)^2} = \frac{1}{a^2} \left( \frac{a}{s^2 + a^2} \cdot \frac{a}{s^2 + a^2} \right) = \frac{1}{a^2} \mathcal{L}[\sin(at)] \cdot \mathcal{L}[\sin(at)]$$

根据卷积定理有

$$\mathcal{L}^{-1} \left[ \frac{1}{(s^2 + a^2)^2} \right] = \frac{1}{a^2} \mathcal{L}[\sin(at)] * \mathcal{L}[\sin(at)]$$

$$= \frac{1}{a^2} \int_0^t \sin(a\xi) \sin[a(t - \xi)] d\xi$$

$$= \frac{1}{2a^2} \int_0^t \cos[a(t - 2\xi)] d\xi - \frac{1}{2a^2} \int_0^t \cos(at) d\xi$$

$$= -\frac{1}{4a^3} \sin[a(t - 2\xi)] \Big|_0^t - \frac{1}{2a^2} \cos(at) \xi \Big|_0^t$$

$$= \frac{1}{2a^3} [\sin(at) - at\cos(at)]$$

采用 Matlab 计算的脚本代码如下：

```
> > clear all;
> > syms a;
> > syms x t positive;
> > f = (1/a^2) * sin(a * (t - x)) * sin(a * x);
> > result = int(f, x, 0, t)
result =
(sin(a * t) - a * t * cos(a * t))/(2 * a^3)
```

# 习　题

1. 求下列函数的 Laplace 变换，并利用 Matlab 验证计算结果。

(1) $f(t) = \cosh(at)$

(2) $f(t) = \cos^2(at)$

(3) $f(t) = (t + 1)^2$

(4) $f(t) = (t + 1)e^{-at}$

(5) $f(t) = \begin{cases} e^t, & 0 < t < 2 \\ 0, & t > 2 \end{cases}$

(6) $f(t) = \begin{cases} \sin t, & 0 < t < \pi \\ 0, & t > \pi \end{cases}$

(7) $f(t) = 2\sin t - \cos 2t + \cos 3 - t$

(8) $f(t) = t - 2 + e^{-5t} - \sin 5t + \cos 2$

2. 利用 Laplace 变换的性质求下列函数的 Laplace 变换：

(1) $f(t) = e^{-t}\sin(2t)$

(2) $f(t) = e^{-2t}\cos(2t)$

(3) $f(t) = t^2 H(t - 1)$

(4) $f(t) = e^{2t}H(t - 3)$

(5) $f(t) = te^t + \sin(3t)e^t + \cos(5t)e^{2t}$

(6) $f(t) = t^4 e^{-2t} + \sin(3t)e^t + \cos(4t)e^{2t}$

(7) $f(t) = t^2 e^{-t} + \sin(2t)e^t + \cos(3t)e^{-3t}$

(8) $f(t) = t^2 H(t - 1) + e^t H(t - 2)$

(9) $f(t) = (t^2 + 2)H(t - 1) + H(t - 2)$

(10) $f(t) = (t + 1)^2 H(t - 1) + e^t H(t - 2)$

3. 证明：$\mathcal{L}(t^n e^{-at}) = \dfrac{n!}{(s + a)^{n+1}}$。

4. 求函数 $f(t) = t^2$ 和 $g(t) = \sin t$ 的卷积，并利用 Matlab 验证计算结果。

5. 证明：$t * [H(t) - H(t - 2)] = \dfrac{t^2}{2} - \dfrac{(t - 2)^2}{2}H(t - 2)$，并利用 Matlab 验证。

6. 利用卷积定理求下列函数的 Laplace 逆变换：

(1) $F(s) = \dfrac{s}{(s^2 + 1)^2}$

(2) $F(s) = \dfrac{1}{s^2(s - 1)}$

(3) $F(s) = \dfrac{1}{s^2(s + a)^2}$

(4) $F(s) = \dfrac{2}{(s + 1)(s^2 + 1)}$

7. 采用部分分式展开法求下列函数的 Laplace 逆变换：

(1) $F(s) = \dfrac{1}{s^2 + 3s + 2}$

(2) $F(s) = \dfrac{s + 3}{(s + 4)(s - 2)}$

(3) $F(s) = \dfrac{s - 4}{(s + 2)(s + 1)(s - 3)}$

(4) $F(s) = \dfrac{s - 3}{(s^2 + 4)(s + 1)}$

8. 采用留数法求下列函数的 Laplace 逆变换：

(1) $F(s) = \dfrac{s}{(s^2 + a^2)^2}$

(2) $F(s) = \dfrac{1}{(s + 1)(s - 3)^2}$

(3) $F(s) = \dfrac{s}{(s + 1)^3(s - 1)^2}$

(4) $F(s) = \dfrac{s^2}{(s^2 + 4)^2}$

# 第 4 章　Laplace 变换的应用

许多工程实际问题可以用积分方程、微分方程或偏微分方程来描述，而 Laplace 变换对于求解这类方程非常有效。本章主要讨论 Laplace 变换求解线性方程，并实现微分方程求解的 Matlab 程序。

## 4.1　Laplace 变换求解积分方程

考虑如下积分方程：

$$f(t) = h(t) + \lambda \int_0^t f(\xi) g(t - \xi) \mathrm{d}\xi \tag{4.1}$$

式中，$h(t)$ 和 $g(t)$ 为已知函数，$\lambda$ 为常数。

这里，我们讨论 Laplace 变换求解。

令

$$F(s) = \mathcal{L}[f(t)] = \int_0^{+\infty} f(t) \mathrm{e}^{-st} \mathrm{d}t,$$

$$H(s) = \mathcal{L}[h(t)] = \int_0^{+\infty} h(t) \mathrm{e}^{-st} \mathrm{d}t,$$

$$G(s) = \mathcal{L}[g(t)] = \int_0^{+\infty} g(t) \mathrm{e}^{-st} \mathrm{d}t_\circ$$

对积分方程(4.1)的两端作 Laplace 变换，再根据 Laplace 变换的卷积定理，得

$$F(s) = H(s) + \lambda F(s) \cdot G(s)$$

整理后，得

$$F(s) = \frac{H(s)}{1 - \lambda G(s)}$$

由 Laplace 逆变换，可求得积分方程的解为

$$f(t) = \mathcal{L}^{-1}\left[\frac{H(s)}{1 - \lambda G(s)}\right]$$

**例 4.1**　采用 Laplace 变换求积分方程

$$f(t) = 4t - 3\int_0^t f(\xi)\sin(t - \xi)\mathrm{d}\xi$$

的解。

**解**　令 $\mathcal{L}[f(t)] = F(s)$，$\mathcal{L}[h(t)] = H(s)$ 及 $\mathcal{L}[g(t)] = G(s)$，对方程两端取 Laplace 变换，由卷积定理可得

$$F(s) = \frac{4}{s^2} - 3F(s) \cdot \frac{1}{s^2 + 1}$$

整理后得

$$F(s) = \frac{4(s^2 + 1)}{s^2(s^2 + 4)} = \frac{1}{s^2} + \frac{3}{s^2 + 4}$$

取其 Laplace 逆变换即有

$$f(t) = t + \frac{3}{2}\sin(2t)$$

**例 4.2**  求解下列积分方程

$$\int_0^t f(\xi) J_0(t - \xi) \mathrm{d}\xi = \sin t$$

式中, $J_0(t)$ 为 0 阶第一类 Bessel 函数。

**解**  令 $\mathcal{L}[f(t)] = F(s)$, 注意到 $\mathcal{L}[J_0(t)] = \dfrac{1}{\sqrt{s^2 + 1}}$, 并对方程两端取 Laplace 变换, 由卷积定理可得

$$F(s) \cdot \frac{1}{\sqrt{s^2 + 1}} = \frac{1}{s^2 + 1}$$

整理后得

$$F(s) = \frac{1}{\sqrt{s^2 + 1}}$$

取其 Laplace 逆变换即有

$$f(t) = J_0(t)$$

因此,

$$\int_0^t J_0(\xi) J_0(t - \xi) \mathrm{d}\xi = \sin t$$

## 4.2  Laplace 变换求解微分方程

### 4.2.1  常系数微分方程

考虑如下微分方程:

$$\frac{\mathrm{d}^n y}{\mathrm{d}t^n} + a_1 \frac{\mathrm{d}^{n-1} y}{\mathrm{d}t^{n-1}} + \cdots + a_{n-1} \frac{\mathrm{d}y}{\mathrm{d}t} + a_n y = f(t) \tag{4.2}$$

及初始条件

$$y(0) = y_0, \; y'(0) = y'_0, \; \cdots, \; y^{(n-1)}(0) = y_0^{(n-1)}$$

式(4.2)中, $a_1, a_2, \cdots, a_n$ 为常数, 而 $f(t)$ 连续且满足原函数的条件。

注意, 如果 $y(t)$ 是微分方程(4.2)的任意解, 则 $y(t)$ 及其各阶导数 $y^{(k)}(t)(k = 1, 2, \cdots, n)$ 均是原函数。令

$$Y(s) = \mathcal{L}[y(t)] = \int_0^{+\infty} y(t) \mathrm{e}^{-st} \mathrm{d}t,$$

$$F(s) = \mathcal{L}[f(t)] = \int_0^{+\infty} f(t) \mathrm{e}^{-st} \mathrm{d}t$$

那么，按 Laplace 变换的微分性质有

$$\mathcal{L}[y'(t)] = sY(s) - sy(0)$$

$$\vdots$$

$$\mathcal{L}[y^{(n)}(t)] = s^n Y(s) - s^{n-1}y(0) - s^{n-2}y'(0) - \cdots - s^{n-2}y^{(n-2)}(0) - y^{(n-1)}(0)$$

于是，对方程(4.2)两端实施 Laplace 变换，并利用线性性质可得

$$s^n Y(s) - s^{n-1}y(0) - s^{n-2}y'(0) - \cdots - s^{n-2}y^{(n-2)}(0) - y^{(n-1)}(0) +$$
$$a_1[s^{n-1}Y(s) - s^{n-2}y(0) - s^{n-3}y'(0) - \cdots - y^{(n-2)}(0)] + \cdots +$$
$$a_{n-1}[sY(s) - y(0)] + a_n Y(s) = F(s)$$

即

$$(s^n + a_1 s^{n-1} + \cdots + a_{n-1}s + a_n)Y(s)$$
$$= F(s) + (s^{n-1} + a_1 s^{n-2} \cdots + a_{n-1})y(0) +$$
$$(s^{n-2} + a_1 s^{n-3} \cdots + a_{n-2})y'(0) + \cdots + y^{(n-1)}(0)$$

或

$$A(s)Y(s) = F(s) + B(s)$$

式中，$A(s)$，$B(s)$ 和 $F(s)$ 都是已知多项式，由此

$$Y(s) = \frac{F(s) + B(s)}{A(s)}$$

这就是微分方程(4.2)的满足所给初始条件的解 $y(t)$ 的像函数，再通过取 Laplace 逆变换即得 $y(t)$。下面举例说明 Laplace 变换求解常系数微分方程的初值问题。

**例 4.3**　采用 Laplace 变换法求解下列常微分方程定解问题：

$$\begin{cases} y'' - 6y' + 9y = t^2 e^{3t} \\ y|_{t=0} = 2, \ y'|_{t=0} = 6 \end{cases}$$

**解**　令 $\mathcal{L}[y(t)] = Y(s)$，对方程两端取 Laplace 变换，则有

$$[s^2 Y(s) - sy(0) - y'(0)] - 6[sY(s) - y(0)] + 9Y(s) = \frac{2}{(s-3)^3}$$

代入初始条件，得

$$[s^2 Y(s) - 2s - 6] - 6[sY(s) - 2] + 9Y(s) = \frac{2}{(s-3)^3}$$

即

$$(s^2 - 6s + 9)Y(s) = 2(s-3) + \frac{2}{(s-3)^3}$$

整理后得

$$Y(s) = \frac{2}{s-3} + \frac{2}{(s-3)^5}$$

取其 Laplace 逆变换即有

$$y(t) = \mathcal{L}^{-1}\left[\frac{2}{s-3}\right] + \mathcal{L}^{-1}\left[\frac{2}{(s-3)^5}\right]$$

$$= 2e^{3t} + \frac{1}{12}t^4 e^{3t}$$

**例 4.4** 采用 Laplace 变换法求解下列常微分方程定解问题：

$$\begin{cases} y'' + 4y = f(t) \\ y|_{t=0} = 1, \ y'|_{t=0} = 0 \end{cases}$$

其中

$$f(t) = \begin{cases} 4t, & 0 < t < 1 \\ 4, & t > 1 \end{cases}$$

**解** 将非齐次项函数 $f(t)$ 写成单位阶跃函数形式，即

$$f(t) = 4t[1 - H(t-1)] + 4H(t-1)$$
$$= 4t - 4(t-1)H(t-1)$$

于是

$$F(s) = \mathcal{L}[f(t)] = \frac{4}{s^2} - \frac{4}{s^2}e^{-s}$$

令 $\mathcal{L}[y(t)] = Y(s)$，对方程两端取 Laplace 变换，则有

$$[s^2 Y(s) - sy(0) - y'(0)] + 4Y(s) = \frac{4}{s^2} - \frac{4}{s^2}e^{-s}$$

代入初始条件，得

$$[s^2 Y(s) - s] + 4Y(s) = \frac{4}{s^2} - \frac{4}{s^2}e^{-s}$$

整理后得

$$Y(s) = \frac{s}{s^2 + 4} + \frac{4}{s^2(s^2 + 4)} - \frac{4}{s^2(s^2 + 4)}e^{-s}$$

即

$$Y(s) = \frac{s}{s^2 + 4} + \frac{1}{s^2} - \frac{1}{s^2 + 4} - \left(\frac{1}{s^2} - \frac{1}{s^2 + 4}\right)e^{-s}$$

取其 Laplace 逆变换即有

$$y(t) = \cos 2t - t - \frac{1}{2}\sin 2t - \left[(t-1) - \frac{1}{2}\sin 2(t-1)\right]H(t-1)$$

## 4.2.2 变系数微分方程

对于某些变系数的的微分方程，即当方程中的某一项存在 $t^n y^{(m)}(t)$ 的形式时，也可以用 Laplace 变换的方法来求解。由像函数的微分性质可知

$$\mathcal{L}[t^n f(t)] = (-1)^n \frac{d^n}{ds^n}\mathcal{L}[f(t)]$$

从而

$$\mathcal{L}[t^n f^{(m)}(t)] = (-1)^n \frac{d^n}{ds^n}\mathcal{L}[f^{(m)}(t)] \tag{4.3}$$

下面，我们给出 Laplace 变换求解变系数微分方程初值问题的例子。

**例 4.5** 采用 Laplace 变换法求解下列变系数微分方程定解问题：

$$\begin{cases} ty'' + (1 - 2t)y' - 2y = 0 \\ y|_{t=0} = 1, \ y'|_{t=0} = 2 \end{cases}$$

**解** 令 $\mathcal{L}[y(t)] = Y(s)$，对方程两边取 Laplace 变换，则有

$$\mathcal{L}[ty''] + \mathcal{L}[(1 - 2t)y'] - \mathcal{L}[2y] = 0$$

即

$$-\frac{\mathrm{d}}{\mathrm{d}s}[s^2 Y(s) - sy(0) - y'(0)] + sY(s) - y(0) + 2\frac{\mathrm{d}}{\mathrm{d}s}[sY(s) - y(0)] - 2Y(s) = 0$$

结合初值条件，整理后得

$$(2 - s)Y'(s) - Y(s) = 0$$

这是可分离变量的一阶微分方程，即

$$\frac{\mathrm{d}Y(s)}{Y(s)} = -\frac{\mathrm{d}s}{s - 2}$$

积分后可得

$$\ln Y(s) = -\ln(s - 2) + \ln C$$

所以

$$Y(s) = \frac{C}{s - 2}$$

取其 Laplace 逆变换即有

$$y(t) = Ce^{2t}$$

将 $y|_{t=0} = 1$ 代入上式，可得 $C = 1$，故有

$$y(t) = e^{2t}$$

**例 4.6** 采用 Laplace 变换法求解下列 Bessel 方程定解问题：

$$\begin{cases} ty'' + y' + ty = 0 \\ y|_{t=0} = 1, \ y'|_{t=0} = 0 \end{cases}$$

**解** 令 $\mathcal{L}[y(t)] = Y(s)$，对方程两边取 Laplace 变换，则有

$$\mathcal{L}(ty'') + \mathcal{L}(y') - \mathcal{L}(ty) = 0$$

即

$$-\frac{\mathrm{d}}{\mathrm{d}s}[s^2 Y(s) - sy(0) - y'(0)] + [sY(s) - y(0)] - \frac{\mathrm{d}}{\mathrm{d}s}Y(s) = 0$$

结合初值条件，整理后得

$$(s^2 + 1)Y'(s) + sY(s) = 0$$

求解该一阶微分方程得

$$Y(s) = \frac{C}{\sqrt{s^2 + 1}}$$

取其 Laplace 逆变换即有

$$y(t) = CJ_0(t)$$

将 $y|_{t=0} = 1$ 代入，可得 $C = 1$，故有

$$y(t) = J_0(t)$$

## 4.3 Laplace 变换求解偏微分方程

Laplace 变换也是求解某些偏微分方程的方法之一，其计算过程和步骤与采用 Fourier 变换求解偏微分方程的过程及步骤相似。

### 4.3.1 无界区域的定解问题

我们通过一个典型例子来讨论拉普拉斯变换求解无界域问题。考虑如下无限长杆上的热传导问题：

$$\begin{cases} \dfrac{\partial u}{\partial t} = a^2 \dfrac{\partial^2 u}{\partial x^2}, & -\infty < x < +\infty, \ t > 0 \quad (4.4a) \\[2mm] u|_{t=0} = \varphi(x) & (4.4b) \end{cases}$$

这个问题当然可以用 Fourier 变换来求解，下面应用 Laplace 变换来求解。

（1）进行 Laplace 变换。将 $u$ 关于 $t$ 进行 Laplace 变换：

$$\mathcal{L}[u(x, t)] = U(x, s) = \int_0^{+\infty} u(x, t) e^{-st} dt$$

根据 Laplace 变换的微分性质与初始条件(4.4b)，得

$$\mathcal{L}\left(\frac{\partial u}{\partial t}\right) = s\mathcal{L}[u(x, t)] - u(x, 0) = sU(x, s) - \varphi(x)$$

另一方面，

$$\mathcal{L}\left(\frac{\partial^2 u}{\partial x^2}\right) = \int_0^{+\infty} \frac{\partial^2 u}{\partial x^2} e^{-st} dt = \frac{\partial^2}{\partial x^2} \int_0^{+\infty} u(x, t) e^{-st} dt = \frac{d^2 U}{dx^2}$$

因此，对方程(4.4$a$)的两端作 Laplace 变换，则

$$\frac{d^2 U(x, s)}{dx^2} - \frac{s}{a^2} U(x, s) = -\frac{\varphi(x)}{a^2} \quad (4.5)$$

（2）求常微分方程在相应条件下的解，即求原定解问题的像函数。常微分方程(4.5)的通解为

$$U(x, s) = U_h(x, s) + U_p(x, s)$$

这里，$U_h(x, s)$ 为齐次方程的通解

$$U_h(x, s) = Ae^{-\frac{\sqrt{s}}{a}x} + Be^{\frac{\sqrt{s}}{a}x} \quad (4.6)$$

$U_p(x, s)$ 为非齐次方程的一个特解，可以采用参数变易法进行求解，则有

$$U_p(x, s) = \frac{e^{-\frac{\sqrt{s}}{a}x}}{2a\sqrt{s}} \int_0^x e^{\frac{\sqrt{s}\xi}{a}} \varphi(\xi) d\xi - \frac{e^{\frac{\sqrt{s}}{a}x}}{2a\sqrt{s}} \int_0^x e^{-\frac{\sqrt{s}\xi}{a}} \varphi(\xi) d\xi \quad (4.7)$$

因此，常微分方程(4.5)的通解可以写为

$$U(x, s) = \left[A + \frac{1}{2a\sqrt{s}} \int_0^x e^{\frac{\sqrt{s}\xi}{a}} \varphi(\xi) d\xi\right] e^{-\frac{\sqrt{s}}{a}x} + \left[B - \frac{1}{2a\sqrt{s}} \int_0^x e^{-\frac{\sqrt{s}\xi}{a}} \varphi(\xi) d\xi\right] e^{\frac{\sqrt{s}}{a}x} \quad (4.8)$$

由于当 $x \to \pm\infty$ 时，温度 $u(x, t)$ 有界，所以 $U(x, s)$ 也应该有界，由

$$\lim_{x \to -\infty} \left[ A + \frac{1}{2a\sqrt{s}} \int_0^x e^{\frac{\sqrt{s}\xi}{a}} \varphi(\xi) \, d\xi \right] = 0$$

可得

$$A = -\frac{1}{2a\sqrt{s}} \int_0^{-\infty} e^{\frac{\sqrt{s}\xi}{a}} \varphi(\xi) \, d\xi = \frac{1}{2a\sqrt{s}} \int_{-\infty}^0 e^{\frac{\sqrt{s}\xi}{a}} \varphi(\xi) \, d\xi$$

再由

$$\lim_{x \to +\infty} \left[ B - \frac{1}{2a\sqrt{s}} \int_0^x e^{-\frac{\sqrt{s}\xi}{a}} \varphi(\xi) \, d\xi \right] = 0$$

得

$$B = \frac{1}{2a\sqrt{s}} \int_0^{+\infty} e^{-\frac{\sqrt{s}\xi}{a}} \varphi(\xi) \, d\xi$$

从而有

$$
\begin{aligned}
U(x, s) &= \left[ \frac{1}{2a\sqrt{s}} \int_{-\infty}^0 e^{\frac{\sqrt{s}\xi}{a}} \varphi(\xi) \, d\xi + \frac{1}{2a\sqrt{s}} \int_0^x e^{\frac{\sqrt{s}\xi}{a}} \varphi(\xi) \, d\xi \right] e^{-\frac{\sqrt{s}}{a}x} + \\
&\quad \left[ \frac{1}{2a\sqrt{s}} \int_0^{+\infty} e^{-\frac{\sqrt{s}\xi}{a}} \varphi(\xi) \, d\xi - \frac{1}{2a\sqrt{s}} \int_0^x e^{-\frac{\sqrt{s}\xi}{a}} \varphi(\xi) \, d\xi \right] e^{\frac{\sqrt{s}}{a}x} \\
&= \left[ \frac{e^{-\frac{\sqrt{s}}{a}x}}{2a\sqrt{s}} \int_{-\infty}^x e^{\frac{\sqrt{s}\xi}{a}} \varphi(\xi) \, d\xi \right] + \left[ \frac{e^{\frac{\sqrt{s}}{a}x}}{2a\sqrt{s}} \int_x^{+\infty} e^{-\frac{\sqrt{s}\xi}{a}} \varphi(\xi) \, d\xi \right] \\
&= \frac{1}{2a\sqrt{s}} \int_{-\infty}^{+\infty} e^{-\frac{\sqrt{s}|x-\xi|}{a}} \varphi(\xi) \, d\xi
\end{aligned}
$$

（3）为了求出原定解问题(4.4)的解 $u(x, t)$，还需对 $U(x, s)$ 取 Laplace 逆变换。根据 Laplace 变换表，查得

$$\mathcal{L}^{-1} \left( \frac{1}{\sqrt{s}} e^{-k\sqrt{s}} \right) = \frac{1}{\sqrt{\pi t}} e^{-\frac{k^2}{4t}}$$

所以有

$$\mathcal{L}^{-1} \left( \frac{1}{2a\sqrt{s}} e^{-\frac{\sqrt{s}|x-\xi|}{a}} \right) = \frac{1}{2a\sqrt{\pi t}} e^{-\frac{(x-\xi)^2}{4a^2 t}}$$

因此

$$
\begin{aligned}
u(x, t) &= \mathcal{L}^{-1}[U(x, s)] \\
&= \mathcal{L}^{-1} \left[ \frac{1}{2a\sqrt{s}} \int_{-\infty}^{+\infty} e^{-\frac{\sqrt{s}|x-\xi|}{a}} \varphi(\xi) \, d\xi \right] \\
&= \int_{-\infty}^{+\infty} \mathcal{L}^{-1} \left( \frac{1}{2a\sqrt{s}} e^{-\frac{\sqrt{s}|x-\xi|}{a}} \right) \varphi(\xi) \, d\xi \\
&= \frac{1}{2a\sqrt{\pi t}} \int_{-\infty}^{+\infty} e^{-\frac{(x-\xi)^2}{4a^2 t}} \varphi(\xi) \, d\xi
\end{aligned}
\tag{4.9}
$$

这便是原定解问题的解，此解与采用 Fourier 变换求得的解是完全一样的。

### 4.3.2 半无界区域的定解问题

1. 半无界区域的热传导问题

设有一条半无限长的杆,端点温度变换情况为已知,杆的初始温度为0℃,求杆上温度的分布规律,即要考虑下列定解问题:

$$\begin{cases} \dfrac{\partial u}{\partial t} = a^2 \dfrac{\partial^2 u}{\partial x^2}, \ 0 < x < +\infty, \ t > 0 & (4.10\text{a}) \\[2mm] u \big|_{t=0} = 0 & (4.10\text{b}) \\[2mm] u \big|_{x=0} = f(t) & (4.10\text{c}) \\[2mm] u \text{ 有界} & (4.10\text{d}) \end{cases}$$

这个问题显然不能用 Fourier 变换来求解了,因为 $x, t$ 的变化范围都是 $(0, +\infty)$。下面应用 Laplace 变换来求解。

(1) 进行拉普拉斯变换。从 $x, t$ 的变化范围来看,对 $x$ 和 $t$ 都能取拉普拉斯变换,但由于方程 $(4.10\text{a})$ 中包含有 $\dfrac{\partial^2 u}{\partial x^2}$,而在 $x = 0$ 处未给出 $\dfrac{\partial u}{\partial x}$ 的值,故不能对 $x$ 取拉普拉斯变换。而对 $t$ 来说,由于方程 $(4.10\text{a})$ 中只出现了关于 $t$ 的一阶偏导数,只要知道 $t = 0$ 时 $u$ 的值就够了,而这个值已由式 $(4.10\text{b})$ 给出,故我们采用关于 $t$ 的拉普拉斯变换。

用 $U(x, s), F(s)$ 分别表示函数 $u(x, t), f(t)$ 关于 $t$ 的拉普拉斯变换,即

$$U(x, s) = \int_0^{+\infty} u(x, t) \mathrm{e}^{-st} \mathrm{d}t, \quad F(s) = \int_0^{+\infty} f(t) \mathrm{e}^{-st} \mathrm{d}t$$

根据拉普拉斯变换的微分定理与初始条件 $(4.10\text{b})$,得

$$\mathcal{L}\left(\frac{\partial u}{\partial t}\right) = s\mathcal{L}[u(x, t)] - u(x, 0) = sU(x, s)$$

另一方面,

$$\mathcal{L}\left(\frac{\partial^2 u}{\partial x^2}\right) = \int_0^{+\infty} \frac{\partial^2 u}{\partial x^2} \mathrm{e}^{-st} \mathrm{d}t = \frac{\partial^2}{\partial x^2} \int_0^{+\infty} u(x, t) \mathrm{e}^{-st} \mathrm{d}t = \frac{\mathrm{d}^2 U}{\mathrm{d}x^2}(x, s)$$

因此,对方程 $(4.10\text{a})$ 的两端作拉普拉斯变换,并利用条件 $(4.10\text{b})$ 可得下列常微分方程

$$\frac{\mathrm{d}^2 U(x, s)}{\mathrm{d}x^2} - \frac{s}{a^2} U(x, s) = 0 \tag{4.11}$$

再对条件 $(4.10\text{c})$ 取拉普拉斯变换,得

$$U(x, s)\big|_{x=0} = F(s) \tag{4.12}$$

(2) 求常微分方程在相应条件下的解,即求原定解问题的像函数。方程 $(4.11)$ 是关于 $U(x, s)$ 的线性二阶常系数的常微分方程,它的通解为

$$U(x, s) = A\mathrm{e}^{-\frac{\sqrt{s}}{a}x} + B\mathrm{e}^{\frac{\sqrt{s}}{a}x} \tag{4.13}$$

由于当 $x \to \infty$ 时,温度 $u(x, t)$ 有界,所以 $U(x, s)$ 也应该有界,故 $B = 0$。再由条件 $(4.12)$ 可得 $A = F(s)$,从而有

$$U(x, s) = F(s)\mathrm{e}^{-\frac{\sqrt{s}}{a}x} \tag{4.14}$$

(3) 为了求出原定解问题 $(4.10)$ 的解 $u(x, t)$,还需对 $U(x, s)$ 求拉普拉斯逆变换。根据

拉普拉斯变换表，查得

$$\mathcal{L}^{-1}\left(\frac{1}{s}e^{-\frac{x}{a}\sqrt{s}}\right) = \frac{2}{\sqrt{\pi}}\int_{\frac{x}{2a\sqrt{t}}}^{+\infty}e^{-y^2}dy$$

再根据拉普拉斯变换的微分性质可得

$$\mathcal{L}^{-1}(e^{-\frac{x}{a}\sqrt{s}}) = \mathcal{L}^{-1}\left(s\frac{1}{s}e^{-\frac{x}{a}\sqrt{s}}\right) = \frac{d}{dt}\left(\frac{2}{\sqrt{\pi}}\int_{\frac{x}{2a\sqrt{t}}}^{+\infty}e^{-y^2}dy\right) = \frac{x}{2a\sqrt{\pi}\,t^{\frac{3}{2}}}e^{-\frac{x^2}{4a^2t}}$$

最后由拉普拉斯变换的卷积定理得

$$u(x,\ t) = \mathcal{L}^{-1}[F(s)e^{-\frac{x}{a}\sqrt{s}}] = \frac{x}{2a\sqrt{\pi}}\int_0^t f(\xi)\frac{1}{(t-\xi)^{\frac{3}{2}}}e^{-\frac{x^2}{4a^2(t-\xi)}}d\xi \qquad (4.15)$$

这便是原定解问题的解。

**例 4.7**  采用拉普拉斯变换法求解下列热传导方程定解问题：

$$\begin{cases}\dfrac{\partial u}{\partial t} = a^2\dfrac{\partial^2 u}{\partial x^2},\ 0 < x < +\infty,\ t > 0\\ u\big|_{t=0} = 0\\ u\big|_{x=0} = T_0\end{cases}$$

**解**  将 $f(t) = T_0$ 代入式(4.15)，得

$$u(x,\ t) = T_0\cdot\frac{x}{2a\sqrt{\pi}}\int_0^t\frac{1}{(t-\xi)^{\frac{3}{2}}}e^{-\frac{x^2}{4a^2(t-\xi)}}d\xi$$

令 $z = \dfrac{x}{2a\sqrt{t-\xi}}$，则有

$$dz = \frac{x}{4a(t-\xi)^{\frac{3}{2}}}d\xi$$

因此，原定解问题的解为

$$u(x,\ t) = T_0\cdot\frac{2}{\sqrt{\pi}}\int_{x/(2a\sqrt{t})}^{+\infty}e^{-z^2}dz = T_0\cdot\mathrm{erfc}\left(\frac{x}{2a\sqrt{t}}\right)$$

其中：

$$\mathrm{erfc}(x) = 1 - \frac{2}{\sqrt{\pi}}\int_0^x e^{-z^2}dz = 1 - \mathrm{erf}(x),\ (余误差函数)$$

2. 半无界区域的振动问题

考虑如下定解问题：

$$\begin{cases}\dfrac{\partial^2 u}{\partial t^2} = a^2\dfrac{\partial^2 u}{\partial x^2},\ 0 < x < +\infty,\ t > 0 & (4.16a)\\ u\big|_{t=0} = 0,\ \dfrac{\partial u}{\partial t}\Big|_{t=0} = 0 & (4.16b)\\ u\big|_{x=0} = f(t),\ u\big|_{x\to+\infty} = 0 & (4.16c)\end{cases}$$

这个问题显然不能用 Fourier 变换来求解了，因为 $x, t$ 的变化范围都是 $(0, +\infty)$。下面

应用 Laplace 变换来求解。

首先，将 $u$ 关于 $t$ 进行拉普拉斯变换：

$$\mathcal{L}[u(x,t)] = U(x,s) = \int_0^{+\infty} u(x,t)e^{-st}dt$$

根据拉普拉斯变换的微分定理与初始条件(4.16b)，得

$$\mathcal{L}\left(\frac{\partial^2 u}{\partial t^2}\right) = s^2\mathcal{L}[u(x,t)] - su(x,0) - \frac{\partial}{\partial t}u(x,0) = s^2 U(x,s)$$

另一方面，

$$\mathcal{L}\left(\frac{\partial^2 u}{\partial x^2}\right) = \int_0^{+\infty}\frac{\partial^2 u}{\partial x^2}e^{-st}dt = \frac{\partial^2}{\partial x^2}\int_0^{+\infty}u(x,t)e^{-st}dt = \frac{d^2 U}{dx^2}(x,s)$$

因此，问题(4.16a) 和(4.16c) 可以转换为

$$\begin{cases}\dfrac{d^2 U}{dx^2} - \dfrac{s^2}{a^2}U = 0 & (4.17a)\\[2mm] \left.\dfrac{\partial U}{\partial s}\right|_{x=0} = F(s),\ U|_{x\to\infty} = 0 & (4.17b)\end{cases}$$

方程(4.17$a$) 的通解为

$$U(x,s) = Ae^{-\frac{s}{a}x} + Be^{\frac{s}{a}x} \qquad (4.18)$$

利用边界条件(4.17b)，得

$$A = F(s),\ B = 0$$

从而有，

$$U(x,s) = F(s)e^{-\frac{s}{a}x} \qquad (4.19)$$

根据 Laplace 变换的延迟定理，当 $t > \dfrac{x}{a}$ 时，

$$U(x,s) = F(s)e^{-\frac{s}{a}x} = \mathcal{L}\left[f\left(t - \frac{x}{a}\right)\right]$$

当 $0 \le t \le \dfrac{x}{a}$ 时，取 $u(x,t)$ 为 0，于是定解问题(4.16) 的解为

$$u(x,t) = f\left(t - \frac{x}{a}\right)H\left(t - \frac{x}{a}\right) \qquad (4.20)$$

### 4.3.3 有界区域的定解问题

下面我们通过典型例子来说明 Laplace 变换在求解有界区域偏微分方程的应用。

**例4.8** 采用拉普拉斯变换法求解下列热传导方程定解问题：

$$\begin{cases}\dfrac{\partial u}{\partial t} = a^2\dfrac{\partial^2 u}{\partial x^2},\ 0 < x < 1,\ t > 0 & (4.21a)\\[2mm] u|_{t=0} = 4\sin\pi x & (4.21b)\\[2mm] u|_{x=0} = 0,\ u|_{x=1} = 0 & (4.21c)\end{cases}$$

**解** 将 $u$ 关于 $t$ 进行拉普拉斯变换：

$$\mathcal{L}[u(x,\ t)] = U(x,\ s) = \int_0^{+\infty} u(x,\ t)\mathrm{e}^{-st}\mathrm{d}t$$

根据拉普拉斯变换的微分定理与初始条件(4.21b)，得

$$\mathcal{L}\left(\frac{\partial u}{\partial t}\right) = s\mathcal{L}[u(x,\ t)] - u(x,\ 0) = sU(x,\ s) - 4\sin\pi x$$

另一方面，

$$\mathcal{L}\left(\frac{\partial^2 u}{\partial x^2}\right) = \int_0^{+\infty} \frac{\partial^2 u}{\partial x^2}\mathrm{e}^{-st}\mathrm{d}t = \frac{\partial^2}{\partial x^2}\int_0^{+\infty} u(x,\ t)\mathrm{e}^{-st}\mathrm{d}t = \frac{\mathrm{d}^2 U}{\mathrm{d}x^2}(x,\ s)$$

因此，原定解问题可以转换为

$$\begin{cases} \dfrac{\mathrm{d}^2 U}{\mathrm{d}x^2} - \dfrac{s}{a^2}U = -\dfrac{4\sin\pi x}{a^2} & (4.22a) \\[3mm] U(0,\ s) = 0,\ U(1,\ s) = 0 & (4.22b) \end{cases}$$

常微分方程(4.22a) 的通解为

$$U(x,\ s) = U_h(x,\ s) + U_p(x,\ s)$$

这里，$U_h(x,\ s)$ 为齐次方程的通解

$$U_h(x,\ s) = A\mathrm{e}^{-\frac{\sqrt{s}}{a}x} + B\mathrm{e}^{\frac{\sqrt{s}}{a}x} \qquad (4.23)$$

$U_p(x,\ s)$ 为非齐次方程的一个特解，可以写为

$$U_h(x,\ s) = C\cos\pi x + D\sin\pi x$$

下面确定系数 $C$ 和 $D$，考虑到

$$\frac{\mathrm{d}}{\mathrm{d}x}U_p(x,\ s) = -\pi C\sin\pi x + \pi D\cos\pi x$$

$$\frac{\mathrm{d}^2}{\mathrm{d}x^2}U_p(x,\ s) = -\pi^2 C\cos\pi x - \pi^2 D\sin\pi x$$

所以，

$$\frac{\mathrm{d}^2 U}{\mathrm{d}x^2} - \frac{s}{a^2}U = \left(-\pi^2 - \frac{s}{a^2}\right)(C\cos\pi x + D\sin\pi x)$$

$$= -\frac{4\sin\pi x}{a^2}$$

从而有

$$\left(-\pi^2 - \frac{s}{a^2}\right)C = 0 \Rightarrow C = 0$$

$$\left(-\pi^2 - \frac{s}{a^2}\right)D = -\frac{4}{a^2} \Rightarrow D = \frac{4}{s + a^2\pi^2}$$

于是

$$U_h(x,\ s) = \frac{4\sin\pi x}{s + a^2\pi^2} \qquad (4.24)$$

因此，常微分方程(4.22a) 的通解为

$$U(x,\ s) = A\mathrm{e}^{-\frac{\sqrt{s}}{a}x} + B\mathrm{e}^{\frac{\sqrt{s}}{a}x} + \frac{4\sin\pi x}{s + a^2\pi^2} \qquad (4.25)$$

利用边界条件(4.22b) 得

$$A = 0, B = 0$$

从而有,

$$U(x, s) = \frac{4\sin\pi x}{s + a^2\pi^2} \tag{4.26}$$

对上式取 Laplace 逆变换, 则得原定解问题的解为

$$u(x, t) = 4\sin\pi x \cdot \mathcal{L}^{-1}\left(\frac{1}{s + a^2\pi^2}\right) = 4e^{-a^2\pi^2 t}\sin\pi x \tag{4.27}$$

**例 4.9**  采用 Laplace 变换求解下列波动方程定解问题:

$$\begin{cases} \dfrac{\partial^2 u}{\partial t^2} = a^2\dfrac{\partial^2 u}{\partial x^2} + \sin\pi x, 0 < x < 1, t > 0 & (4.28a) \\[3mm] u\big|_{t=0} = 0, \dfrac{\partial u}{\partial t}\bigg|_{t=0} = 0 & (4.28b) \\[3mm] u\big|_{x=0} = 0, u\big|_{x=1} = 0 & (4.28c) \end{cases}$$

**解**  将 $u$ 关于 $t$ 进行拉普拉斯变换:

$$\mathcal{L}[u(x, t)] = U(x, s) = \int_0^{+\infty} u(x, t)e^{-st}dt$$

根据拉普拉斯变换的微分定理与初始条件(4.28b), 得

$$\mathcal{L}\left(\frac{\partial^2 u}{\partial t^2}\right) = s^2\mathcal{L}[u(x, t)] - su(x, 0) - \frac{\partial}{\partial t}u(x, 0) = s^2 U(x, s)$$

另一方面,

$$\mathcal{L}\left(\frac{\partial^2 u}{\partial x^2}\right) = \int_0^{+\infty}\frac{\partial^2 u}{\partial x^2}e^{-st}dt = \frac{\partial^2}{\partial x^2}\int_0^{+\infty} u(x, t)e^{-st}dt = \frac{d^2 U}{dx^2}(x, s)$$

$$\mathcal{L}(\sin\pi x) = \frac{\sin\pi x}{s}$$

因此, 原定解问题可以转换为

$$\begin{cases} \dfrac{d^2 U}{dx^2} - \dfrac{s^2}{a^2}U = -\dfrac{\sin\pi x}{a^2 s} & (4.29a) \\[3mm] U(0, s) = 0, U(1, s) = 0 & (4.29b) \end{cases}$$

常微分方程(4.29a) 的通解为

$$U(x, s) = U_h(x, s) + U_p(x, s)$$

这里, $U_h(x, s)$ 为齐次方程的通解

$$U_h(x, s) = Ae^{-\frac{s}{a}x} + Be^{\frac{s}{a}x} \tag{4.30}$$

$U_p(x, s)$ 为非齐次方程的特解, 可以写为

$$U_h(x, s) = C\cos\pi x + D\sin\pi x$$

下面确定系数 $C$ 和 $D$, 考虑到

$$\frac{d}{dx}U_p(x, s) = -\pi C\sin\pi x + \pi D\cos\pi x$$

$$\frac{d^2}{dx^2}U_p(x, s) = -\pi^2 C\cos\pi x - \pi^2 D\sin\pi x$$

所以,

$$\frac{d^2 U}{dx^2} - \frac{s^2}{a^2}U = \left(-\pi^2 - \frac{s^2}{a^2}\right)(C\cos\pi x + D\sin\pi x)$$

$$= -\frac{\sin\pi x}{a^2 s}$$

从而有

$$\left(-\pi^2 - \frac{s^2}{a^2}\right)C = 0 \Rightarrow C = 0$$

$$\left(-\pi^2 - \frac{s^2}{a^2}\right)D = -\frac{1}{a^2 s} \Rightarrow D = \frac{1}{s(s^2 + a^2\pi^2)}$$

于是

$$U_h(x, s) = \frac{\sin\pi x}{s(s^2 + a^2\pi^2)} \qquad (4.31)$$

因此,常微分方程(4.29a)的通解为

$$U(x, s) = Ae^{-\frac{s}{a}x} + Be^{\frac{s}{a}x} + \frac{\sin\pi x}{s(s^2 + a^2\pi^2)} \qquad (4.32)$$

利用边界条件(4.29b)得

$$A = 0, B = 0$$

从而有,

$$U(x, s) = \frac{\sin\pi x}{s(s^2 + a^2\pi^2)} \qquad (4.33)$$

对上式取 Laplace 逆变换,则得原定解问题的解为

$$u(x, t) = \mathcal{L}^{-1}\left[\frac{1}{s(s^2 + a^2\pi^2)}\right]\sin\pi x$$

$$= \frac{1}{a^2\pi^2}\mathcal{L}^{-1}\left(\frac{1}{s} - \frac{s}{s^2 + a^2\pi^2}\right)\sin\pi x$$

$$= \frac{1}{a^2\pi^2}(1 - \cos a\pi t)\sin\pi x \qquad (4.34)$$

# 4.4 Laplace 变换应用的 Matlab 运算

根据 Laplace 变换的微分性质,对欲求解的微分方程或积分方程两端取 Laplace 变换,将其转化为像函数的代数方程,由这个代数方程求出像函数,然后再取 Laplace 逆变换就获得微分方程或积分方程的解。

Matlab 符号工具箱提供了 solve( ) 函数来求解符号代数方程,再结合 laplace( ) 函数和 ilaplace( ) 函数,我们便能实现 Laplace 变换求解微分方程或积分方程。下面,我们通过例子来演示 Laplace 变换求解微分方程。

**例 4. 10**  采用 Laplace 变换法求解下列常微分方程定解问题：

$$\begin{cases} y'' + 2y' = 8t \\ y|_{t=0} = 0, \ y'|_{t=0} = 0 \end{cases}$$

**解**  令 $\mathcal{L}[y(t)] = Y(s)$，对方程两边取 Laplace 变换，则有

$$s^2 Y(s) - sy(0) - y'(0) + 2sY(s) - 2y(0) = \frac{8}{s^2}$$

结合初值条件，整理后得

$$Y(s) = \frac{8}{s^3(s+2)}$$

为了求 $Y(s)$ 的逆变换，将它化为部分分式的形式，即

$$Y(s) = \frac{4}{s^3} - \frac{2}{s^2} + \frac{1}{s} - \frac{1}{s+2}$$

取其 Laplace 逆变换即有

$$y(t) = 2t^2 - 2t + 1 - e^{-2t}$$

采用 Matlab 计算的脚本代码如下：

```
>> clear all;
>> syms s t y(t) Y;
>> LHS = laplace(diff(y(t), 2) + 2 * diff(y(t)));
>> RHS = laplace(8 * t);
>> LHS = subs(LHS, {laplace(y(t), t, s)}, {Y});
>> LHS = subs(LHS, {y(0)}, {0});
>> LHS = subs(LHS, {subs(diff(y(t), t), t, 0)}, {0});
>> Y = solve(LHS - RHS, Y);
>> y = ilaplace(Y, s, t)
y =
2 * t^2 - exp(-2 * t) - 2 * t + 1
```

**例 4. 11**  采用 Laplace 变换法求解下列常微分方程定解问题：

$$\begin{cases} y'' + y = H(t) - H(t-1) \\ y|_{t=0} = 0, \ y'|_{t=0} = 0 \end{cases}$$

**解**  令 $\mathcal{L}[y(t)] = Y(s)$，对方程两边取 Laplace 变换，则有

$$s^2 Y(s) - sy(0) - y'(0) + Y(s) = \frac{1}{s} - \frac{1}{s}e^{-s}$$

结合初值条件，整理后得

$$Y(s) = \left( \frac{1}{s} - \frac{s}{s^2+1} \right) - \left( \frac{1}{s} - \frac{s}{s^2+1} \right) e^{-s}$$

取其 Laplace 逆变换即有

$$y(t) = 1 - \cos(t) - [1 - \cos(t-1)]H(t-1)$$

采用 Matlab 计算的脚本代码如下：

```
>> clear all;
```

```
>> syms s t y(t) Y;
>> LHS = laplace(diff(y(t), 2) + y(t));
>> RHS = laplace(heaviside(t) - heaviside(t - 1), t, s);
>> LHS = subs(LHS, {laplace(y(t), t, s)}, {Y});
>> LHS = subs(LHS, {y(0)}, {0});
>> LHS = subs(LHS, {subs(diff(y(t), t), t, 0)}, {0});
>> Y = solve(LHS - RHS, Y);
>> Y = simplify(Y);
>> y = ilaplace(Y, s, t)
y =
heaviside(t - 1) * (cos(t - 1) - 1) - cos(t) + 1
```

**例 4.12**　采用 Laplace 变换法求解下列常微分方程定解问题：

$$\begin{cases} y'' + 16y = \delta\left(t - \dfrac{\pi}{4}\right) \\ y\big|_{t=0} = 1, \; y'\big|_{t=0} = 0 \end{cases}$$

**解**　令 $\mathcal{L}[y(t)] = Y(s)$，对方程两边取 Laplace 变换，则有

$$s^2Y(s) - sy(0) - y'(0) + 16Y(s) = \mathrm{e}^{-\frac{\pi}{4}s}$$

结合初值条件，整理后得

$$Y(s) = \frac{s + \mathrm{e}^{-\frac{\pi}{4}s}}{s^2 + 16} = \frac{s}{s^2 + 16} + \frac{1}{s^2 + 16}\mathrm{e}^{-\frac{\pi}{4}s}$$

取其 Laplace 逆变换即有

$$y(t) = \cos(4t) + \frac{1}{4}\sin\left[4\left(t - \frac{\pi}{4}\right)\right]H\left[t - \frac{\pi}{4}\right]$$

$$= \cos(4t) - \frac{1}{4}\sin(4t)H\left[t - \frac{\pi}{4}\right]$$

采用 Matlab 计算的脚本代码如下：

```
>> clear all;
>> syms s t y(t) Y;
>> LHS = laplace(diff(y(t), 2) + 16 * y(t));
>> RHS = laplace(dirac(t - pi/4), t, s);
>> LHS = subs(LHS, {laplace(y(t), t, s)}, {Y});
>> LHS = subs(LHS, {y(0)}, {1});
>> LHS = subs(LHS, {subs(diff(y(t), t), t, 0)}, {0});
>> Y = solve(LHS - RHS, Y);
>> y = ilaplace(Y, s, t)
y =
cos(4 * t) - (sin(4 * t) * heaviside(t - pi/4))/4
```

**例 4.13**　采用 Laplace 变换法求解下列常微分方程组

$$\begin{cases} y'' - x'' + x' - y = \mathrm{e}^t - 2 \\ 2y'' - x'' - 2y' + x = -t \end{cases}$$

其初始条件为

$$\begin{cases} x(0) = 0, \ x'(0) = 0 \\ y(0) = 0, \ y'(0) = 0 \end{cases}$$

**解** 这是一个常系数微分方程组的初值问题。令

$$\mathcal{L}[x(t)] = X(s), \ \mathcal{L}[y(t)] = Y(s)$$

对方程组的两个方程两端取 Laplace 变换，并结合初值条件，则得

$$\begin{cases} s^2 Y(s) - s^2 X(s) + sX(s) - Y(s) = \dfrac{1}{s-1} - \dfrac{2}{s} \\ 2s^2 Y(s) - s^2 X(s) - 2sY(s) + X(s) = -\dfrac{1}{s^2} \end{cases}$$

整理化简后得

$$\begin{cases} (s+1)Y(s) - sX(s) = \dfrac{-s+2}{s(s-1)^2} \\ 2sY(s) - (s+1)X(s) = -\dfrac{1}{s^2(s-1)} \end{cases}$$

求解这个线性方程组，即得

$$\begin{cases} X(s) = \dfrac{2s-1}{s^2(s-1)^2} \\ Y(s) = \dfrac{1}{s(s-1)^2} \end{cases}$$

利用部分分式展开法，可得

$$\begin{cases} X(s) = -\dfrac{1}{s^2} + \dfrac{1}{(s-1)^2} \\ Y(s) = \dfrac{1}{(s-1)^2} - \dfrac{1}{s-1} + \dfrac{1}{s} \end{cases}$$

取 Laplace 逆变换有

$$\begin{cases} x(t) = -t + te^t \\ y(t) = te^t - e^t + 1 \end{cases}$$

这便是所求常微分方程组的解。

采用 Matlab 计算的脚本代码如下：

```
>> clear all;
>> syms s t x(t) y(t) X Y;
>> LHS1 = laplace(diff(y(t), 2) - diff(x(t), 2) + diff(x(t)) - y(t));
>> LHS1 = subs(LHS1, {laplace(x(t), t, s)}, {X});
>> LHS1 = subs(LHS1, {laplace(y(t), t, s)}, {Y});
>> LHS1 = subs(LHS1, {x(0)}, {0});
>> LHS1 = subs(LHS1, {y(0)}, {0});
>> LHS1 = subs(LHS1, {subs(diff(x(t), t), t, 0)}, {0});
>> LHS1 = subs(LHS1, {subs(diff(y(t), t), t, 0)}, {0});
```

```
＞＞ RHS1 = laplace(exp(t) - 2);
＞＞ LHS2 = laplace(2 * diff(y(t), 2) - diff(x(t), 2) - 2 * diff(y(t)) + x(t));
＞＞ LHS2 = subs(LHS2, {laplace(x(t), t, s)}, {X});
＞＞ LHS2 = subs(LHS2, {laplace(y(t), t, s)}, {Y});
＞＞ LHS2 = subs(LHS2, {x(0)}, {0});
＞＞ LHS2 = subs(LHS2, {y(0)}, {0});
＞＞ LHS2 = subs(LHS2, {subs(diff(y(t), t), t, 0)}, {0});
＞＞ LHS2 = subs(LHS2, {subs(diff(x(t), t), t, 0)}, {0});
＞＞ RHS2 = laplace(- t);
＞＞ [X, Y] = solve(LHS1 - RHS1, LHS2 - RHS2, X, Y);
＞＞ x = ilaplace(X, s, t)
x =
t * exp(t) - t
＞＞ y = ilaplace(Y, s, t)
y =
t * exp(t) - exp(t) + 1
```

## 习　题

1. 采用 Laplace 变换求解下列积分方程：

$(1) f(t) = 1 + 2\int_0^t e^{-2\xi} f(t - \xi) d\xi$

$(2) f(t) = 1 + \int_0^t f(\xi) \sin(t - \xi) d\xi$

$(3) f(t) = t + \int_0^t e^{-\xi} f(t - \xi) d\xi$

$(4) f(t) = 4t^2 - \int_0^t e^{-\xi} f(t - \xi) d\xi$

$(5) f(t) = t^3 + \int_0^t f(\xi) \sin(t - \xi) d\xi$

$(6) f(t) = 8t^2 - 3\int_0^t f(\xi) \sin(t - \xi) d\xi$

$(7) f(t) = 1 + 2\int_0^t \cos(\xi) f(t - \xi) d\xi$

$(8) f(t) = e^{2t} + 2\int_0^t \cos(\xi) f(t - \xi) d\xi$

2. 采用 Laplace 变换求解下列一阶常系数微分方程定解问题：

$(1) \begin{cases} y' - 2y = 1 - t \\ y|_{t=0} = 1 \end{cases}$

$(2) \begin{cases} y' + y = tH(t - 1) \\ y|_{t=0} = 0 \end{cases}$

要求：利用 Matlab 验证计算结果。

3. 采用 Laplace 变换求解下列二阶常系数微分方程定解问题：

$(1)\begin{cases} y'' - 4y' + 3y = e^t \\ y|_{t=0} = 0, \ y'|_{t=0} = 0 \end{cases}$

$(2)\begin{cases} y'' - 4y' + 3y = e^{2t} \\ y|_{t=0} = 0, \ y'|_{t=0} = 1 \end{cases}$

$(3)\begin{cases} y'' - 6y' + 8y = e^t \\ y|_{t=0} = 3, \ y'|_{t=0} = 9 \end{cases}$

$(4)\begin{cases} y'' + 4y' + 3y = e^{-t} \\ y|_{t=0} = 0, \ y'|_{t=0} = 1 \end{cases}$

$(5)\begin{cases} y'' + y = t \\ y|_{t=0} = 1, \ y'|_{t=0} = 0 \end{cases}$

$(7)\begin{cases} y'' + 3y' + 2y = H(t - 1) \\ y|_{t=0} = 0, \ y'|_{t=0} = 1 \end{cases}$

$(8)\begin{cases} y'' + 4y = 3H(t - 4) \\ y|_{t=0} = 1, \ y'|_{t=0} = 0 \end{cases}$

$(9)\begin{cases} y'' + 3y' + 2y = e^{t-1}H(t - 1) \\ y|_{t=0} = 0, \ y'|_{t=0} = 1 \end{cases}$

$(10)\begin{cases} y'' - 3y' + 2y = H(t - 1) - H(t - 2) \\ y|_{t=0} = 0, \ y'|_{t=0} = 0 \end{cases}$

$(11)\begin{cases} y'' - 5y' + 4y = \delta(t - 1) \\ y|_{t=0} = 0, \ y'|_{t=0} = 0 \end{cases}$

$(12)\begin{cases} y'' + 5y' + 6y = 3\delta(t - 2) - 4\delta(t - 5) \\ y|_{t=0} = 0, \ y'|_{t=0} = 0 \end{cases}$

要求：利用 Matlab 验证计算结果。

4. 采用 Laplace 变换求解下列一阶常微分方程组

$$\begin{cases} 2x' + y = \cos(t) \\ y' - 2x = \sin(t) \end{cases}$$

其初始条件为 $x(0) = 0$ 和 $y(0) = 1$。

要求：利用 Matlab 验证计算结果。

5. 采用 Laplace 变换求解下列二阶常微分方程组

$$\begin{cases} x'' + y' - x - y = 0 \\ y'' - 2x' - y - 2x = e^{-t} \end{cases}$$

其初始条件为

$$\begin{cases} x(0) = 0, \ x'(0) = -1 \\ y(0) = 1, \ y'(0) = 1 \end{cases}$$

要求：利用 Matlab 验证计算结果。

6. 采用 Laplace 变换求解下列变系数微分方程定解问题：

$(1)\begin{cases} y'' + 2ty' - 8y = 0 \\ y|_{t=0} = 1,\ y'|_{t=0} = 0 \end{cases}$

$(2)\begin{cases} y'' - ty' + 2y = 0 \\ y|_{t=0} = -1,\ y'|_{t=0} = 0 \end{cases}$

$(3)\begin{cases} ty'' - (2-t)y' - y = 0 \\ y|_{t=0} = 1,\ y'|_{t=0} = 0 \end{cases}$

$(4)\begin{cases} ty'' + y' + ty = 0 \\ y|_{t=0} = 1,\ y'|_{t=0} = 0 \end{cases}$

7. 采用 Laplace 变换求解下列微分积分方程的解：

$$f'(t) = t + \int_0^t \cos(\xi) f(t-\xi)\,\mathrm{d}\xi$$

其初始条件为 $f(0) = 4$。

8. 采用 Laplace 变换求解下列微分积分方程的解：

$$f'(t) = \sin(t) + \int_0^t \cos(\xi) f(t-\xi)\,\mathrm{d}\xi$$

其初始条件为 $f(0) = 0$。

9. 采用 Laplace 变换求解下列热传导方程的定解问题：

$$\begin{cases} \dfrac{\partial u}{\partial t} = a^2 \dfrac{\partial^2 u}{\partial x^2},\ 0 < x < +\infty,\ t > 0 \\[2mm] u|_{t=0} = T_0 \\[2mm] u|_{x=0} = 0 \\[2mm] u(+\infty,\ t)\ \text{有界} \end{cases}$$

10. 采用 Laplace 变换求解下列波动方程的定解问题：

$$\begin{cases} \dfrac{\partial^2 u}{\partial t^2} = a^2 \dfrac{\partial^2 u}{\partial x^2},\ 0 < x < +\infty,\ t > 0 \\[2mm] u|_{t=0} = 0,\ \dfrac{\partial u}{\partial t}\Big|_{t=0} = 0 \\[2mm] u|_{x=0} = \begin{cases} \sin t, & 0 \leqslant t \leqslant 2\pi \\ 0, & \text{其他} \end{cases} \\[2mm] u|_{x \to +\infty} = 0 \end{cases}$$

11. 采用 Laplace 变换求解下列热传导方程的定解问题：

$$\begin{cases} \dfrac{\partial u}{\partial t} = \dfrac{\partial^2 u}{\partial x^2},\ 0 < x < 1,\ t > 0 \\[2mm] u|_{t=0} = 3\sin 2\pi x \\[2mm] u|_{x=0} = 0,\ u|_{x=1} = 0 \end{cases}$$

12. 采用 Laplace 变换求解下列定解问题：

$$\begin{cases} \dfrac{\partial^2 u}{\partial t^2} = 4\dfrac{\partial^2 u}{\partial x^2},\ 0 < x < 1,\ t > 0 \\[2mm] u\big|_{x=0} = 0,\ u\big|_{x=1} = 0 \\[2mm] u\big|_{t=0} = 0,\ \dfrac{\partial u}{\partial t}\bigg|_{t=0} = \sin 2\pi x \end{cases}$$

13. 采用 Laplace 变换求解下列定解问题：

$$\begin{cases} \dfrac{\partial u}{\partial t} = \dfrac{\partial^2 u}{\partial x^2},\ 0 < x < 1,\ t > 0 \\[2mm] u\big|_{x=0} = 100,\ u\big|_{x=1} = 100 \\[2mm] u\big|_{t=0} = 3\sin(5\pi x) + 100 \end{cases}$$

# 第5章　Z变换及其应用

　　Z变换是一种性质和用途皆类似于 Laplace 变换的数学变换。Laplace 变换是对连续变量 $t$ 的函数进行变换，定义式是由含参积分确定的；而 Z变换则是对自变量为整数 $n$ 的离散序列进行变换，定义式是由含有参数的级数确定的，是一种级数形式的变换。Laplace 变换在数学上是求解线性微分方程定解问题的重要工具，在应用上用来对模拟信号进行复频域分析；而 Z变换在数学上是求线性差分方程的重要工具，在应用上用来对数字信号进行复频域分析。本章将重点介绍 Z变换及其逆 Z变换的基本概念和若干重要性质，并讨论线性差分方程的 Z变换求法。

## 5.1　Z变换

### 5.1.1　Z变换的定义

　　序列 $f(n)$ 的双边 Z变换定义如下：

$$F(z) = \sum_{n=-\infty}^{+\infty} f(n)z^{-n} \tag{5.1}$$

式中，$z$ 为复数。为了方便起见，上式还常简写为

$$F(z) = \mathcal{Z}[f(n)]$$

　　序列的 Z变换实质上是以序列 $f(n)$ 为加权系数的 $z$ 的幂级数之和。双边序列的双边 Z变换既包含 $z$ 的正幂项，也包含 $z$ 的负幂项。

　　式(5.1)中，若 $n$ 的取值范围是 0 到 $+\infty$，则得序列 $f(n)$ 的单边 Z变换，其定义式为

$$F(z) = \sum_{n=0}^{+\infty} f(n)z^{-n} \tag{5.2}$$

序列的单边 Z变换是以序列 $f(n)$ 为加权系数的 $z$ 的负幂项的级数之和。显然，因果序列的双边 Z变换与单边 Z变换的结果是相同的。

　　许多有用的离散信号 Z变换都可由 Z变换的定义式求出。

　　1. 单位样值信号 $\delta(n)$

　　其 Z变换为

$$F(z) = \sum_{n=-\infty}^{+\infty} \delta(n)z^{-n} = 1 \tag{5.3}$$

与单位冲激函数 $\delta(t)$ 的 Laplace 变换类似。

　　2. 单位阶跃序列 $H(n)$

　　其 Z变换为

$$F(z) = \sum_{n=-\infty}^{+\infty} H(n)z^{-n} = \sum_{n=0}^{+\infty} z^{-n}$$

上式表明 $F(z)$ 为 $z$ 的无穷级数的和，若 $|z| > 1$，则上述级数收敛，其结果为

$$\mathscr{Z}[H(n)] = \frac{1}{1 - z^{-1}} = \frac{z}{z - 1} \tag{5.4}$$

3. 单边指数序列 $a^n H(n)$

其 $Z$ 变换为

$$\mathscr{Z}[a^n H(n)] = \sum_{n=0}^{+\infty} a^n z^{-n}$$

上式是一无穷等比级数的求和式。当 $|z| > a$ 时，级数收敛，且

$$\mathscr{Z}[a^n H(n)] = \frac{z}{z - a} \tag{5.5}$$

**例 5.1**    求序列 $f(n) = n$ 的 $Z$ 变换，其中 $n = 0, 1, 2, \cdots$。

**解**    根据 $Z$ 变换的定义，有

$$\begin{aligned}
\mathscr{Z}[f(n)] &= \sum_{n=0}^{+\infty} nz^{-n} = z\sum_{n=0}^{+\infty} nz^{-(n+1)} \\
&= -z\frac{\mathrm{d}}{\mathrm{d}z}\sum_{n=0}^{+\infty} z^{-n} \\
&= \frac{z}{(z-1)^2}, \quad |z| > 1
\end{aligned}$$

**例 5.2**    求序列 $f(n) = \dfrac{1}{\Gamma(n+1)}$ 的 $Z$ 变换。

**解**    根据 $Z$ 变换的定义，有

$$\mathscr{Z}[f(n)] = \sum_{n=0}^{+\infty} \frac{1}{n!}z^{-n} = \mathrm{e}^{\frac{1}{z}}$$

## 5.1.2   $Z$ 变换与 Laplace 变换的关系

连续信号 $f(t)$ 的均匀冲激抽样信号为

$$f_S(t) = \sum_{n=0}^{+\infty} f(nT)\delta(t - nT) \tag{5.6}$$

式中，$T$ 为采样周期。上式两端取 Laplace 变换得

$$\begin{aligned}
F_S(s) = \mathscr{L}[f_S(t)] &= \int_0^{+\infty} f_S(t)\mathrm{e}^{-st}\mathrm{d}t \\
&= \int_0^{+\infty} \Big[\sum_{n=0}^{+\infty} f(nT)\delta(t - nT)\Big]\mathrm{e}^{-st}\mathrm{d}t \\
&= \sum_{n=0}^{+\infty}\int_0^{+\infty} f(nT)\delta(t - nT)\mathrm{d}t \\
&= \sum_{n=0}^{+\infty} f(nT)\mathrm{e}^{-snT}
\end{aligned}$$

令 $z = \mathrm{e}^{sT}$，$T = 1$，则上式可化为

$$F_S(s)\big|_{s=\ln z} = \sum_{n=0}^{+\infty} f(n)z^{-n} \tag{5.7}$$

比较式(5.2)与式(5.7)，则有

$$F_S(s)\big|_{s=\ln z} = F(z) \tag{5.8}$$

这表明，若令均匀抽样信号 $f_S(t)$ 的 Laplace 变换式中 $s=\ln z$，则其与对应的单边序列的 Z 变换相等。

### 5.1.3　Z 变换的收敛域

如前所述，一个序列的 Z 变换，只有当定义式中的级数收敛时才有意义。对于 $f(n)$，使式(5.1)或式(5.2)中的级数收敛的所有 $z$ 值的集合，称为 Z 变换的收敛域(region of convergence，ROC)。例如，$H(n)$ 的 Z 变换的收敛域是 $|z|>1$，即整个 $z$ 平面中除去 $|z|=1$ 的圆及圆内部分外，都是 $Z[H(n)]$ 的收敛域。

双边 Z 变换的同一表达式 $F(z)$，其收敛域不同，则对应的序列也可能不同。例如，$f_1(n)$ 与 $f_2(n)$ 是两个不同的序列：

$$f_1(n) = \begin{cases} a^n, & n \geqslant 0 \\ 0, & n < 0 \end{cases}$$

$$f_2(n) = \begin{cases} 0, & n \geqslant 0 \\ -a^n, & n < 0 \end{cases}$$

它们的双边 Z 变换分别为

$$F_1(z) = \mathcal{Z}[f_1(n)] = \frac{z}{z-a}, \quad |z|>a$$

$$F_2(z) = \mathcal{Z}[f_2(n)] = \frac{z}{z-a}, \quad |z|<a$$

可见，同一 $z$ 域的表达式，对不同的收敛域，对应着不同的序列。因此，任何一个双边 Z 变换的表达式都必须注明其收敛域，否则就可能无法确定其对应的序列。

由复变函数理论知，Z 变换的定义式(5.1)是一 Laurent 级数，在收敛域内它是解析的，即函数本身与它的导数在收敛域内都是连续的，因此收敛域内不包括极点，并且是以通过某些极点的圆作为边界的。

不难证明式(5.1)收敛的充要条件是该式右边应绝对可和，即

$$\sum_{n=-\infty}^{+\infty} |f(n)z^{-n}| < +\infty \tag{5.9}$$

**例 5.3**　求序列 $f(n)$ 的 Z 变换

$$f(n) = \begin{cases} a^n, & n \geqslant 0 \\ -b^n, & n \leqslant -1 \end{cases}$$

**解**　根据 Z 变换的定义，有

$$\mathcal{Z}[f(n)] = \sum_{n=-\infty}^{+\infty} f(n)z^{-n} = \sum_{n=0}^{+\infty} a^n z^{-n} - \sum_{n=-\infty}^{-1} b^n z^{-n}$$

$$= \frac{z}{z-a} + \frac{z}{z-b} = \frac{z(2z-a-b)}{(z-a)(z-b)}$$

若 $|a| < |b|$，则其收敛域为 $|a| < z < |b|$，如图 5.1 所示。若 $|a| \geqslant |b|$，则上述序列的 $Z$ 变换不存在。

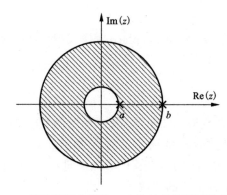

图 5.1  双边指数序列的 $Z$ 变换的收敛域及极点分布

## 5.2  $Z$ 变换的性质

利用已知的 $Z$ 变换结果，运用 $Z$ 变换的性质，可以用间接法获得一些待求的 $Z$ 变换。为此，下面介绍 $Z$ 变换的一些重要性质。

### 5.2.1  线性性质

设 $F_1(z) = \mathcal{Z}[f_1(n)]$，$F_2(z) = \mathcal{Z}[f_2(n)]$，$a_1$，$a_2$ 为任意常数，则
$$\mathcal{Z}[a_1 f_1(n) + a_2 f_2(n)] = a_1 F_1(z) + a_2 F_2(z) \tag{5.10}$$
这个性质也是 $Z$ 变换的叠加性与均匀性的体现，根据 $Z$ 变换的定义不难证明，此处从略。一般来说，叠加后的 $Z$ 变换的收敛域是 $F_1(z)$ 与 $F_2(z)$ 的收敛域的重叠部分。

**例 5.4**  已知 $f_1(n) = 2H(n)$，$f_2(n) = 2\left(\dfrac{1}{2}\right)^n H(n)$，求序列 $[f_1(n) - f_2(n)]$ 的 $Z$ 变换。

**解**  根据 $Z$ 变换的线性性质，有
$$\begin{aligned}
\mathcal{Z}[f_1(n) - f_2(n)] &= \mathcal{Z}[f_1(n)] - \mathcal{Z}[f_2(n)] \\
&= 2\frac{z}{z-1} - 2\frac{z}{z-1/2} \\
&= \frac{z}{(z-1)(z-1/2)}
\end{aligned}$$
其收敛域为
$$R = R_1 \cap R_2 = \{z : |z| > 1\} \cap \{z : |z| > 1/2\} = \{z : |z| > 1\}$$

**例 5.5**  求序列 $\cos(nx)$ 和 $\sin(nx)$ 的 $Z$ 变换，其中 $n \geqslant 0$。

**解**  根据欧拉公式知
$$\cos(nx) = \frac{e^{inx} + e^{-inx}}{2}, \quad \sin(nx) = \frac{e^{inx} - e^{-inx}}{2i}$$

由 Z 变换的线性性质，有

$$\mathcal{Z}[\cos(nx)] = \frac{1}{2}\mathcal{Z}[e^{inx}] + \frac{1}{2}\mathcal{Z}[e^{-inx}]$$

$$= \frac{1}{2}\frac{1}{1 - e^{ix}z^{-1}} + \frac{1}{2}\frac{1}{1 - e^{-ix}z^{-1}}$$

$$= \frac{1 - \cos(x)z^{-1}}{1 - 2\cos(x)z^{-1} + z^{-2}}, \quad |z| > 1$$

以及

$$\mathcal{Z}[\sin(nx)] = \frac{1}{2}\mathcal{Z}[e^{inx}] - \frac{1}{2}\mathcal{Z}[e^{-inx}]$$

$$= \frac{1}{2i}\frac{1}{1 - e^{ix}z^{-1}} - \frac{1}{2i}\frac{1}{1 - e^{-ix}z^{-1}}$$

$$= \frac{\sin(x)z^{-1}}{1 - 2\cos(x)z^{-1} + z^{-2}}, \quad |z| > 1$$

## 5.2.2　时移性质

这个特性讨论序列在时域位移后的 Z 变换与原序列 Z 变换的关系。单边 Z 变换与双边 Z 变换的时移性质虽有一些差别，但大体相似。

1. 双边 Z 变换的时移性质

若 $\mathcal{Z}[f(n)] = F(z)$，则有

$$\mathcal{Z}[f(n \pm m)] = z^{\pm m}F(z) \tag{5.11}$$

其中 $m$ 为任意整数。

**证**　根据双边 Z 变换的定义可得

$$\mathcal{Z}[f(n - m)] = \sum_{n = -\infty}^{+\infty} f(n - m)z^{-n}$$

令 $k = n - m$，则上式右边可改写为

$$\mathcal{Z}[f(n - m)] = z^{-m}\sum_{k = -\infty}^{+\infty} f(k)z^{-k} = z^{-m}F(z)$$

同理可证得

$$\mathcal{Z}[f(n + m)] = z^{m}F(z)$$

如果原序列 Z 变换的收敛域包括 $z = 0$ 或 $z = \infty$，则序列位移后 Z 变换的极点可能发生变化，从而收敛域也可能有所变化；如果原序列 Z 变换的收敛域为 $R_1 < |z| < R_2$，不包括 $z = 0$ 与 $z = \infty$，则序列位移后 Z 变换的收敛域不发生变化。

2. 单边 Z 变换的时移性质

若 $f(n)$ 为因果序列，且其单边 Z 变换为

$$\mathcal{Z}[f(n)] = F(z)$$

则序列右移后有

$$\mathcal{Z}[f(n - m)] = z^{-m}F(z) \tag{5.12}$$

其中 $m$ 为正整数。

证　根据单边 $Z$ 变换的定义可得

$$\mathcal{Z}[f(n-m)] = \sum_{n=0}^{+\infty} f(n-m)z^{-n}$$

令 $k = n - m$，则上式右边可改写为

$$\mathcal{Z}[f(n-m)] = z^{-m} \sum_{k=-m}^{+\infty} f(k)z^{-k}$$

$$= z^{-m}\Big[\sum_{k=0}^{+\infty} f(k)z^{-k} + \sum_{k=-m}^{-1} f(k)z^{-k}\Big]$$

因为 $f(n)$ 为因果序列，$f(-1),f(-2),\cdots,f(-m)$ 均为零，故有

$$\mathcal{Z}[f(n-m)] = z^{-m}\Big[\sum_{k=0}^{+\infty} f(k)z^{-k}\Big] = z^{-m}F(z)$$

如果因果序列 $f(n)$ 左移，则其单边 $Z$ 变换为

$$\mathcal{Z}[f(n+m)] = z^{m}\Big[F(z) - \sum_{k=0}^{m-1} f(k)z^{-k}\Big] \tag{5.13}$$

根据单边 $Z$ 变换的定义可推得这一等式。

**例 5.6**　求序列 $0.8^{(n-1)}$ 的 $Z$ 变换，其中 $n \geqslant 0$。

**解**　根据定义，有

$$\mathcal{Z}[0.8^{(n-1)}] = 0.8^{-1}\mathcal{Z}(0.8^n)$$

$$= \frac{5}{4}\frac{z}{z-0.8} = \frac{25z}{4(5z-4)}, \quad |z| > 0.8$$

若利用 $Z$ 变换的时移性质，则有

$$\mathcal{Z}[0.8^{(n-1)}] = z^{-1}\mathcal{Z}(0.8^n) + 0.8^{-1}$$

$$= \frac{1}{z-0.8} + \frac{5}{4}$$

$$= \frac{25z}{4(5z-4)}, \quad |z| > 0.8$$

**例 5.7**　求序列 $0.8^{(n+1)}$ 的 $Z$ 变换，其中 $n \geqslant 0$。

**解**　根据定义，有

$$\mathcal{Z}[0.8^{(n+1)}] = 0.8 \cdot \mathcal{Z}(0.8^n)$$

$$= \frac{4}{5}\frac{z}{z-0.8}$$

$$= \frac{4z}{5z-4}, \quad |z| > 0.8$$

若利用 $Z$ 变换的时移性质，则有

$$\mathcal{Z}[0.8^{(n+1)}] = z \cdot \mathcal{Z}(0.8^n) - 0.8^0 \cdot z$$

$$= \frac{z^2}{z-0.8} - z$$

$$= \frac{4z}{5z-4}, \quad |z| > 0.8$$

### 5.2.3　微分性质

若 $\mathscr{Z}[f(n)] = F(z)$，则有

$$\mathscr{Z}[nf(n)] = -z\frac{\mathrm{d}F(z)}{\mathrm{d}z} \qquad (5.14)$$

**证**　根据 $Z$ 变换的定义知

$$\mathscr{Z}[nf(n)] = \sum_{n=0}^{+\infty} nf(n)z^{-n} = z\sum_{n=0}^{+\infty} nf(n)z^{-(n+1)}$$

$$= z\sum_{n=0}^{+\infty} f(n)\left(-\frac{\mathrm{d}}{\mathrm{d}z}z^{-n}\right)$$

$$= -z\frac{\mathrm{d}}{\mathrm{d}z}\left[\sum_{n=0}^{+\infty} f(n)z^{-n}\right] = -z\frac{\mathrm{d}F(z)}{\mathrm{d}z}$$

由式(5.14)还可推出

$$\mathscr{Z}[n^k f(n)] = \left[-z\frac{\mathrm{d}}{\mathrm{d}z}\right]^k F(z), \ k = 0, 1, 2, \cdots \qquad (5.15)$$

式中符号 $\left[-z\dfrac{\mathrm{d}}{\mathrm{d}z}\right]^k F(z)$ 表示 $-z\dfrac{\mathrm{d}}{\mathrm{d}z}\left[-z\dfrac{\mathrm{d}}{\mathrm{d}z}\cdots\left(-z\dfrac{\mathrm{d}}{\mathrm{d}z}F(z)\right)\right]$ 的运算。

**例 5.8**　求序列 $f(n) = na^n$ 的 $Z$ 变换，其中 $n \geq 0$。

**解**　当 $n \geq 0$ 时，由于

$$\mathscr{Z}(a^n) = \frac{z}{z-a}, \ |z| > a$$

利用 $Z$ 变换的微分性质，则有

$$\mathscr{Z}(na^n) = -z\frac{\mathrm{d}}{\mathrm{d}z}\mathscr{Z}(a^n) = -z\frac{\mathrm{d}}{\mathrm{d}z}\left(\frac{z}{z-a}\right)$$

$$= \frac{za}{(z-a)^2}, \ |z| > a$$

### 5.2.4　尺度变换性质

若 $\mathscr{Z}[f(n)] = F(z)$，则有

$$\mathscr{Z}[a^n f(n)] = F\left(\frac{z}{a}\right) \qquad (5.16)$$

其中 $a$ 为常数。

**证**　根据 $Z$ 变换的定义知

$$\mathscr{Z}[a^n f(n)] = \sum_{n=-\infty}^{+\infty} a^n f(n)z^{-n} = \sum_{n=-\infty}^{+\infty} f(n)\left(\frac{z}{a}\right)^{-n}$$

所以

$$\mathscr{Z}[a^n f(n)] = F\left(\frac{z}{a}\right)$$

式(5.16)表明，$f(n)$ 乘以序列 $a^n$ 等效于 $z$ 平面的尺度展缩 $z/a$。

利用这一结果，可求得当 $a = \mathrm{e}^{\mathrm{i}\omega_0}$ 时，有

$$\mathcal{Z}[\mathrm{e}^{\mathrm{i}\omega_0 n}f(n)] = F\left(\frac{z}{\mathrm{e}^{\mathrm{i}\omega_0}}\right) \qquad (5.17)$$

**例 5.8**　求序列 $f(n) = \mathrm{e}^{cn}\sin(nx)$ 的 $Z$ 变换，其中 $n \geqslant 0$。

**解**　因为

$$\mathcal{Z}[\sin(nx)] = \frac{\sin(x)z^{-1}}{1 - 2\cos(x)z^{-1} + z^{-2}}, \quad |z| > 1$$

利用 $Z$ 变换的尺度变换性质，则有

$$\mathcal{Z}[\mathrm{e}^{cn}\sin(nx)] = \frac{\sin(x)\left(\dfrac{z}{\mathrm{e}^c}\right)^{-1}}{1 - 2\cos(x)\left(\dfrac{z}{\mathrm{e}^c}\right)^{-1} + \left(\dfrac{z}{\mathrm{e}^c}\right)^{-2}}$$

$$= \frac{z\mathrm{e}^c\sin(x)}{z^2 - 2\mathrm{e}^c\cos(x) + \mathrm{e}^{2c}}, \quad |z| > \mathrm{e}^c$$

### 5.2.5　时域卷积性质

给定两序列 $f(n)$ 与 $g(n)$，则它们的双边 $Z$ 变换的卷积定义为

$$f(n) * g(n) = \sum_{m=-\infty}^{n} f(m)g(n-m)$$

$$= \sum_{m=-\infty}^{n} f(n-m)g(m) \qquad (5.18)$$

而单边 $Z$ 变换的卷积定义为

$$f(n) * g(n) = \sum_{m=0}^{n} f(m)g(n-m)$$

$$= \sum_{m=0}^{n} f(n-m)g(m) \qquad (5.19)$$

若 $Z[f(n)] = F(z)$，$Z[g(n)] = G(z)$，则有

$$\mathcal{Z}[f(n) * g(n)] = F(z) \cdot G(z) \qquad (5.20)$$

**证**　根据 $Z$ 变换的定义知

$$\mathcal{Z}[f(n) * g(n)] = \sum_{n=-\infty}^{+\infty} [f(n) * g(n)]z^{-n}$$

$$= \sum_{n=-\infty}^{+\infty} \left[\sum_{m=-\infty}^{n} f(m)g(n-m)\right]z^{-n}$$

$$= \sum_{n=-\infty}^{+\infty} \sum_{m=-\infty}^{+\infty} f(m)g(n-m)z^{-n}$$

$$= \sum_{m=-\infty}^{+\infty} f(m) \sum_{n=-\infty}^{+\infty} g(n-m)z^{-n}$$

$$= \sum_{m=-\infty}^{+\infty} f(m) \cdot z^{-m}G(z)$$

$$= F(z) \cdot G(z)$$

式 $(5.19)$ 与式 $(5.20)$ 表明，两序列卷积的 $Z$ 变换等于它们 $Z$ 变换的乘积。此特性在 $Z$ 变换的应用中是十分重要的。

**例 5.9** 已知 $f(n)=1$ 和 $g(n)=a^n$，且 $n \geq 0$，求 $f(n) * g(n)$ 和 $\mathcal{Z}[f(n) * g(n)]$。

**解** 根据卷积定义有

$$f(n) * g(n) = \sum_{m=0}^{n} f(m) g(n-m) = \sum_{m=0}^{n} a^m$$

$$= \frac{1-a^{n+1}}{1-a} = \frac{1}{1-a} - \frac{a^{n+1}}{1-a}$$

所以

$$\mathcal{Z}[f(n) * g(n)] = \mathcal{Z}\left[\frac{1}{1-a}\right] - \mathcal{Z}\left[\frac{a^{n+1}}{1-a}\right]$$

$$= \frac{z}{(1-a)(z-1)} - \frac{az}{(1-a)(z-a)}$$

$$= \frac{z^2}{(z-1)(z-a)}$$

又

$$\mathcal{Z}[f(n)] = \frac{z}{z-1}, \quad \mathcal{Z}[g(n)] = \frac{z}{z-a}$$

故

$$\mathcal{Z}[f(n) * g(n)] = \mathcal{Z}[f(n)] \cdot \mathcal{Z}[g(n)]$$

## 5.2.6 初值定理与终值定理

1. 初值定理

若 $f(n)$ 为因果序列，且 $\mathcal{Z}[f(n)] = F(z)$，则

$$f(0) = \lim_{z \to +\infty} F(z) \tag{5.21}$$

**证** 根据 $Z$ 变换的定义知

$$F(z) = \mathcal{Z}[f(n)] = \sum_{n=0}^{+\infty} f(n) z^{-n}$$

$$= f(0) + f(1) z^{-1} + f(2) z^{-2} + \cdots$$

上式两边在 $z \to +\infty$ 时取极限，则右边除 $f(0)$ 外，其他各项均为零，故有

$$\lim_{z \to +\infty} F(z) = f(0)$$

更一般地，有

$$f(0) = \lim_{z \to +\infty} F(z)$$

$$f(2) = \lim_{z \to +\infty} [zF(z) - zf(0)]$$

$$\vdots \tag{5.22}$$

$$f(m) = \lim_{z \to +\infty} [z^m F(z) - z^m f(0) - z^{m-1} f(1) - \cdots - zf(m-1)]$$

2. 终值定理

令 $\mathcal{Z}[f(n)] = F(z)$，若 $f(n)$ 为因果序列，其序列的终值 $\lim\limits_{n \to +\infty} f(n) = f(+\infty)$ 不为无穷大，则有

$$\lim_{n \to +\infty} f(n) = \lim_{z \to 1} [(z-1) F(z)] \tag{5.23}$$

**证** 因

$$\mathcal{Z}[f(n+1)-f(n)] = zF(z) - zf(0) - F(z)$$
$$= (z-1)F(z) - zf(0)$$

故

$$(z-1)F(z) = \mathcal{Z}[f(n+1)-f(n)] + zf(0)$$

上式两端取 $z \to 1$ 的极限，则有

$$\lim_{z \to 1}(z-1)F(z) = f(0) + \lim_{z \to 1}\sum_{n=0}^{+\infty}[f(n+1)-f(n)]z^{-n}$$
$$= f(0) + [f(1)-f(0)] + [f(2)-f(1)] + \cdots$$
$$= f(+\infty)$$

为了应用方便，将常见函数的 $Z$ 变换公式列成一表，即所谓 $Z$ 变换简表，见附录 C。

## 5.3　逆 Z 变换的计算方法

由已知 $F(z)$ 及其收敛域求对应的 $f(n)$ 的运算，称为逆 $Z$ 变换，记为

$$f(n) = \mathcal{Z}^{-1}[F(z)] \tag{5.24}$$

逆 $Z$ 变换主要有三种求法，即幂级数展开法（长除法）、部分分式展开法和留数法，分述如下。

### 5.3.1　幂级数展开法

根据 $Z$ 变换的定义

$$F(z) = \sum_{n=0}^{+\infty}f(n)z^{-n}$$

若把已知的 $F(z)$ 在给定的收敛域内展开成 $z$ 的幂级数之和，则该级数的各系数就是离散序列 $f(n)$ 的对应项。$F(z)$ 一般为有理分式，表达式为

$$F(z) = \frac{N(z)}{D(z)}$$

利用代数学中的多项式长除法，我们可以将上式写成 Laurent 级数形式：

$$F(z) = a_0 + a_1z^{-1} + a_2z^{-2} + \cdots + a_nz^{-n} + \cdots$$

这样便可求得 $f(n) = a_n$。

**例 5.10**　求函数 $F(z) = \dfrac{2z^2 - 1.5z}{z^2 - 1.5z + 0.5}$ 的逆 $Z$ 变换。

**解**　利用多项式长除法，有

$$
\begin{array}{r}
2 \quad + 1.5z^{-1} + 1.25z^{-2} + 1.125z^{-3} + \cdots \\
z^2-1.5z+0.5 \overline{)\,2z^2 - 1.5z \phantom{+0000000000}} \\
\underline{2z^2 - 3z \phantom{.} + 1 \phantom{00000000}} \\
1.5z \phantom{.} - 1 \phantom{0000000} \\
\underline{1.5z \phantom{.} - 2.25 + 0.750z^{-1} \phantom{00}} \\
1.25 - 0.750z^{-1} \phantom{00} \\
\underline{1.25 - 1.870z^{-1} + \cdots} \\
1.125z^{-1} + \cdots
\end{array}
$$

于是可得

$$f(0) = 2, f(1) = 1.5, f(2) = 1.25, f(3) = 1.125, \cdots$$

即

$$f(n) = 1 + \left(\frac{1}{2}\right)^n$$

所以

$$\mathcal{Z}^{-1}\left(\frac{2z^2 - 1.5z}{z^2 - 1.5z + 0.5}\right) = 1 + \left(\frac{1}{2}\right)^n, \ n \geqslant 0$$

## 5.3.2  部分分式展开法

当 $F(z)$ 表示为有理分式的形式时, 若 $F(z)$ 有 $M$ 个一级极点, 我们便可用部分分式展开法求其逆 $Z$ 变换, 即先将 $\dfrac{F(z)}{z}$ 展开成部分分式之和 $\displaystyle\sum_{m=1}^{M}\frac{A_m}{z - z_m}$, 然后再乘以 $z$, 则有

$$F(z) = \sum_{m=1}^{M}\frac{A_m z}{z - z_m} \tag{5.25}$$

式中 $A_m$ 为待定系数。

对部分分式的每一项作逆 $Z$ 变换, 即可得到 $f(n)$。这与用部分分式展开法求 Laplace 逆变换是很相似的。

**例 5.11**  求函数 $F(z) = \dfrac{z}{z^2 - 1}$ 的逆 $Z$ 变换。

**解**  根据部分分式展开, 有

$$\frac{F(z)}{z} = \frac{1}{z^2 - 1} = \frac{A_1}{z - 1} + \frac{A_2}{z + 1}$$

计算待定系数, 得

$$A_1 = (z - 1)\frac{F(z)}{z}\bigg|_{z=1} = \frac{1}{2},$$

$$A_2 = (z + 1)\frac{F(z)}{z}\bigg|_{z=-1} = -\frac{1}{2}$$

于是

$$F(z) = \frac{1}{2}\frac{z}{z - 1} - \frac{1}{2}\frac{z}{z + 1}$$

所以

$$f(n) = \mathcal{Z}^{-1}\left(\frac{z}{z^2 - 1}\right) = \frac{1}{2}\mathcal{Z}^{-1}\left(\frac{z}{z - 1}\right) - \frac{1}{2}\mathcal{Z}^{-1}\left(\frac{z}{z + 1}\right)$$

$$= \frac{1}{2} - \frac{1}{2}(-1)^n, \ n \geqslant 0$$

如果 $F(z)$ 中除有 $M$ 个一级极点外, 还有 $z = z_{M+1}$ 为一个 $L$ 级极点, 则可将 $F(z)$ 分解成如下形式:

$$F(z) = \sum_{m=1}^{M} \frac{A_m z}{z - z_m} + \sum_{i=1}^{L} \frac{B_i z}{(z - z_{M+1})^i} \qquad (5.26)$$

式中，$A_m$ 的确定与前述方法相同，而 $B_i$ 则为

$$B_i = \frac{1}{(L-i)!} \frac{\mathrm{d}^{L-i}}{\mathrm{d}z^{L-i}} \left[ (z - z_{M+1})^L \frac{F(z)}{z} \right] \Bigg|_{z=z_{M+1}} \qquad (5.27)$$

确定了系数 $A_m$ 和 $B_i$ 之后，再对部分分式的每一项作逆 $Z$ 变换，即可得到 $f(n)$。

**例 5.12** 求函数 $F(z) = \dfrac{2z^2}{(z+2)(z+1)^2}$ 的逆 $Z$ 变换。

**解** 根据部分分式展开，有

$$\frac{F(z)}{z} = \frac{2z^2}{(z+2)(z+1)^2} = \frac{A_1}{z+2} + \frac{B_1}{z+1} + \frac{B_2}{(z+1)^2}$$

计算待定系数，得

$$A_1 = (z+2) \frac{F(z)}{z} \Bigg|_{z=-2} = -4,$$

$$B_1 = \frac{1}{(2-1)!} \frac{\mathrm{d}}{\mathrm{d}z} \left[ (z+1)^2 \frac{F(z)}{z} \right] \Bigg|_{z=-1} = 4,$$

$$B_2 = (z+1)^2 \frac{F(z)}{z} \Bigg|_{z=-1} = -2$$

于是

$$F(z) = -\frac{4z}{z+2} + \frac{4z}{z+1} - \frac{2z}{(z+1)^2}$$

所以

$$f(n) = \mathscr{Z}^{-1} \left[ \frac{2z^2}{(z+2)(z+1)^2} \right]$$

$$= -4\mathscr{Z}^{-1} \left( \frac{z}{z+2} \right) + 4\mathscr{Z}^{-1} \left( \frac{z}{z+1} \right) - 2\mathscr{Z}^{-1} \left[ \frac{z}{(z+1)^2} \right]$$

$$= -4(-2)^n + 4(-1)^n + 2n(-1)^n, \ n \geqslant 0$$

### 5.3.3 留数法

已知序列 $f(n)$ 的 $Z$ 变换为

$$F(z) = \sum_{n=0}^{+\infty} f(n) z^{-n}$$

其收敛域 $|z| > R$。

将上式两端同时乘以 $z^{k-1}$，并沿围线 $c$ 积分，得

$$\frac{1}{2\pi \mathrm{i}} \oint_C F(z) z^{k-1} \mathrm{d}z = \frac{1}{2\pi \mathrm{i}} \oint_C \sum_{n=0}^{+\infty} f(n) z^{-n+k-1} \mathrm{d}z$$

此处 $c$ 是收敛域内包围坐标原点的逆时针方向的围线。交换上式右边求和与积分的顺序，则可改写为

$$\frac{1}{2\pi i}\oint_C F(z)z^{k-1}\mathrm{d}z = \sum_{n=0}^{+\infty} f(n)\frac{1}{2\pi i}\oint_C z^{-n+k-1}\mathrm{d}z \tag{5.28}$$

由单连通柯西积分定理知

$$\frac{1}{2\pi i}\oint_C z^{-n+k-1}\mathrm{d}z = \begin{cases} 1, & k=n \\ 0, & k\neq n \end{cases}$$

故式(5.28)等号右边各项仅当 $k=n$ 时，$f(n)$ 的系数不为零，于是

$$f(n) = \frac{1}{2\pi i}\oint_C F(z)z^{n-1}\mathrm{d}z \tag{5.29}$$

式(5.29)便是求 $F(z)$ 的逆 $Z$ 变换的围线积分表示式。借助于留数定理，可得围线积分的值，进而实现逆 $Z$ 变换的计算。

**例 5.13**   求函数 $F(z) = \dfrac{z^3}{(z-0.5)(z-0.75)(z-1)}$ 的逆 $Z$ 变换。

**解**   利用留数法，有

$$f(n) = \frac{1}{2\pi i}\oint_C \frac{z^{n+2}}{(z-0.5)(z-0.75)(z-1)}\mathrm{d}z$$

很明显 $z=0.5$，$z=0.75$ 和 $z=1$ 为被积函数的三个单极点。计算留数有

$$\mathrm{Res}\left[\frac{z^{n+2}}{(z-0.5)(z-0.75)(z-1)}, 0.5\right] = \left.\frac{z^{n+2}}{(z-0.75)(z-1)}\right|_{z=0.5} = 2\cdot(0.5)^n,$$

$$\mathrm{Res}\left[\frac{z^{n+2}}{(z-0.5)(z-0.75)(z-1)}, 0.75\right] = \left.\frac{z^{n+2}}{(z-0.5)(z-1)}\right|_{z=0.75} = -9\cdot(0.75)^n,$$

$$\mathrm{Res}\left[\frac{z^{n+2}}{(z-0.5)(z-0.75)(z-1)}, 1\right] = \left.\frac{z^{n+2}}{(z-0.5)(z-0.75)}\right|_{z=1} = 8$$

根据留数定理可得

$$f(n) = 2\cdot(0.5)^n - 9\cdot(0.75)^n + 8$$

其波形如图 5.2 所示。

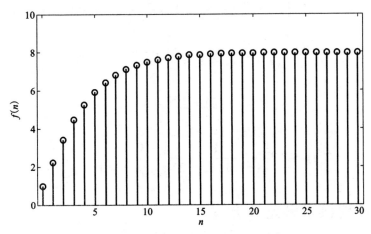

**图 5.2   留数法求解逆 $Z$ 变换的结果图**

**例 5.14**　求函数 $F(z) = \dfrac{1}{(z-1)(z-2)}$ 的逆 $Z$ 变换。

**解**　利用留数法，有

$$f(n) = \frac{1}{2\pi\mathrm{i}}\oint_C \frac{z^{n-1}}{(z-1)(z-2)}\mathrm{d}z$$

很明显 $z=1$ 和 $z=2$ 为被积函数的两个单极点，但当 $n=0$ 时还有另外一个单极点 $z=0$。因此，我们需要按两种情况进行讨论。

① 当 $n=0$ 时，根据留数定理有

$$f(0) = \frac{1}{2\pi\mathrm{i}}\oint_C \frac{1}{z(z-1)(z-2)}\mathrm{d}z$$
$$= \mathrm{Res}\left[\frac{1}{z(z-1)(z-2)}, 0\right] + \mathrm{Res}\left[\frac{1}{z(z-1)(z-2)}, 1\right] + \mathrm{Res}\left[\frac{1}{z(z-1)(z-2)}, 2\right]$$

计算留数得

$$\mathrm{Res}\left[\frac{1}{z(z-1)(z-2)}, 0\right] = \frac{1}{(z-1)(z-2)}\bigg|_{z=0} = \frac{1}{2},$$

$$\mathrm{Res}\left[\frac{1}{z(z-1)(z-2)}, 1\right] = \frac{1}{z(z-2)}\bigg|_{z=1} = -1,$$

$$\mathrm{Res}\left[\frac{1}{z(z-1)(z-2)}, 2\right] = \frac{1}{z(z-1)}\bigg|_{z=2} = \frac{1}{2}$$

所以

$$f(0) = 0$$

② 当 $n=0$ 时，根据留数定理有

$$f(n) = \mathrm{Res}\left[\frac{z^{n-1}}{(z-1)(z-2)}, 1\right] + \mathrm{Res}\left[\frac{z^{n-1}}{(z-1)(z-2)}, 2\right]$$

计算留数得

$$\mathrm{Res}\left[\frac{z^{n-1}}{(z-1)(z-2)}, 1\right] = \frac{z^{n-1}}{z-2}\bigg|_{z=1} = -1,$$

$$\mathrm{Res}\left[\frac{z^{n-1}}{(z-1)(z-2)}, 2\right] = \frac{z^{n-1}}{z-1}\bigg|_{z=2} = 2^{n-1}$$

所以

$$f(n) = 2^{n-1} - 1$$

综合得

$$f(n) = \mathscr{Z}^{-1}\left[\frac{1}{(z-1)(z-2)}\right] = \begin{cases} 0, & n=0 \\ 2^{n-1}-1, & n>0 \end{cases}$$

## 5.4　利用 $Z$ 变换求解差分方程

利用 $Z$ 变换的时移特性可以把差分方程转换成代数方程，然后求出待求量的 $Z$ 变换表达式，再经逆 $Z$ 变换得到时域解。用 $Z$ 变换求解差分方程的方法比时域法要简便些，它与用

Laplace 变换求解微分方程的过程是类似的, 下面举例说明。

## 5.4.1　一阶差分方程

与函数的微分相对应, 序列 $f(n)$ 的一阶向后差分可表示为

$$\Delta f(n) = f(n) - f(n-1) \tag{5.30}$$

而一阶向前差分可表示为

$$\Delta f(n) = f(n+1) - f(n) \tag{5.31}$$

**例 5.15**　采用 $Z$ 变换求解下列一阶齐次差分方程的初值问题:

$$\begin{cases} y(n+1) - 2y(n) = 0, \ n \geqslant 0 \\ y(0) = 3 \end{cases}$$

**解**　令 $\mathcal{Z}[y(n)] = Y(z)$, 对方程两端取 $Z$ 变换, 则有

$$\mathcal{Z}[y(n+1)] - 2\mathcal{Z}[y(n)] = 0$$

根据时移性质, 有

$$[zY(z) - zy(0)] - 2Y(z) = 0$$

结合初值条件, 整理后得

$$Y(z) = \frac{3z}{z-2}$$

取其逆 $Z$ 变换即有

$$y(n) = 3 \cdot 2^n, \ n = 0, 1, 2, \cdots$$

**例 5.16**　采用 $Z$ 变换求解下列一阶差分方程的初值问题:

$$\begin{cases} y(n+1) - 5y(n) = \cos(n\pi), \ n \geqslant 0 \\ y(0) = 0 \end{cases}$$

**解**　令 $\mathcal{Z}[y(n)] = Y(z)$, 对方程两端取 $Z$ 变换, 则有

$$\mathcal{Z}[y(n+1)] - 5\mathcal{Z}[y(n)] = \mathcal{Z}[\cos(n\pi)]$$

根据时移性质, 有

$$[zY(z) - zy(0)] - 5Y(z) = \frac{z}{z+1}$$

结合初值条件, 整理后得

$$Y(z) = \frac{z}{(z-5)(z+1)}$$

利用部分分式展开法, 可得

$$Y(z) = \frac{1}{6} \cdot \frac{z}{z-5} - \frac{1}{6} \cdot \frac{z}{z+1}$$

取其逆 $Z$ 变换即有

$$y(n) = \frac{5}{6}\mathcal{Z}^{-1}\left(\frac{z}{z-5}\right) + \frac{1}{6}\mathcal{Z}^{-1}\left(\frac{z}{z+1}\right)$$

$$= \frac{1}{6} \cdot 5^n - \frac{1}{6}(-1)^n, \ n = 0, 1, 2, \cdots$$

### 5.4.2 二阶差分方程

序列 $f(n)$ 的二阶向后差分可表示为

$$\Delta^2 f(n) = \Delta[\Delta f(n)] = \Delta[f(n) - f(n-1)]$$
$$= [f(n) - f(n-1)] - [f(n-1) - f(n-2)]$$

即

$$\Delta^2 f(n) = f(n) - 2f(n-1) + f(n-2) \tag{5.32}$$

而二阶向前差分可表示为

$$\Delta^2 f(n) = \Delta[\Delta f(n)] = \Delta[f(n+1) - f(n)]$$
$$= [f(n+2) - f(n+1)] - [f(n+1) - f(n)]$$

即

$$\Delta^2 f(n) = f(n+2) - 2f(n+1) + f(n) \tag{5.33}$$

**例 5.17** 采用 $Z$ 变换求解下列齐次差分方程的初值问题：

$$\begin{cases} y(n+2) + 3y(n+1) + 2y(n) = 0, n \geqslant 0 \\ y(0) = 1 \\ y(1) = 2 \end{cases}$$

**解** 令 $\mathcal{Z}[y(n)] = Y(z)$，对方程两端取 $Z$ 变换，则有

$$\mathcal{Z}[y(n+2)] + 3\mathcal{Z}[y(n+1)] + 2\mathcal{Z}[y(n)] = 0$$

根据时移性质，有

$$[z^2 Y(z) - z^2 y(0) - z y(1)] + 3[z Y(z) - z y(0)] + 2Y(z) = 0$$

结合初值条件，整理后得

$$(z^2 + 3z + 2)Y(z) = z^2 + 5z$$

即

$$Y(z) = \frac{z^2 + 5z}{z^2 + 3z + 2}$$

利用部分分式展开法，可得

$$Y(z) = \frac{4z}{z+1} - \frac{3z}{z+2}$$

取其逆 $Z$ 变换即有

$$y(n) = 4\mathcal{Z}^{-1}\left(\frac{z}{z+1}\right) - 3\mathcal{Z}^{-1}\left(\frac{z}{z+2}\right)$$
$$= 4(-1)^n - 3(-2)^n, n = 0, 1, 2, \cdots$$

**例 5.18** 采用 $Z$ 变换求解下列非齐次差分方程的初值问题：

$$\begin{cases} y(n+2) - 2y(n+1) + y(n) = 1, n \geqslant 0 \\ y(0) = 0 \\ y(1) = \frac{3}{2} \end{cases}$$

**解** 令 $\mathcal{Z}[y(n)] = Y(z)$，对方程两端取 $Z$ 变换，则有

$$\mathcal{Z}[y(n+2)] - 2\mathcal{Z}[y(n+1)] + \mathcal{Z}[y(n)] = \mathcal{Z}(1)$$

根据时移性质, 有

$$[z^2 Y(z) - z^2 y(0) - z y(1)] - 2[z Y(z) - z y(0)] + Y(z) = \frac{z}{z-1}$$

结合初值条件, 整理后得

$$Y(z) = \frac{3z^2 - z}{2(z-1)^3}$$

取其逆 Z 变换即有

$$y(n) = \mathcal{Z}^{-1}\left[\frac{3z^2 - z}{2(z-1)^3}\right]$$

利用留数法计算逆 Z 变换, 可得

$$y(n) = \mathcal{Z}^{-1}\left[\frac{3z^2 - z}{2(z-1)^3}\right] = \frac{1}{2\pi i}\oint_C \frac{3z^{n+1} - z^n}{2(z-1)^3}dz$$

$$= \frac{1}{(3-1)!}\frac{d^2}{dz^2}\left(\frac{3z^{n+1} - z^n}{2}\right)\Big|_{z=1}$$

$$= \frac{1}{2}n^2 + n$$

因此

$$y(n) = \frac{1}{2}n^2 + n, \ n = 0, 1, 2, \cdots$$

**例 5.19**  采用 Z 变换求解 Fibonacci 数列满足的差分方程的初值问题:

$$\begin{cases} y(n+2) = y(n+1) + y(n), \ n \geqslant 0 \\ y(0) = 1 \\ y(1) = 1 \end{cases}$$

**解**  令 $\mathcal{Z}[y(n)] = Y(z)$, 对方程两端取 Z 变换, 则有

$$\mathcal{Z}[y(n+2)] = \mathcal{Z}[y(n+1)] + \mathcal{Z}[y(n)]$$

根据时移性质, 有

$$z^2 Y(z) - z^2 y(0) - z y(1) = [z Y(z) - z y(0)] + Y(z)$$

结合初值条件, 整理后得

$$Y(z) = \frac{z^2}{z^2 - z - 1} = \frac{z^2}{(z-a)(z-b)}$$

这里, $a = \frac{1+\sqrt{5}}{2}$ 和 $b = \frac{1-\sqrt{5}}{2}$。

由于

$$\mathcal{Z}^{-1}\left(\frac{z}{z-a}\right) = a^n, \ \mathcal{Z}^{-1}\left(\frac{z}{z-b}\right) = b^n$$

根据卷积定理有

$$y(n) = \mathcal{Z}^{-1}\left[\frac{z^2}{(z-a)(z-b)}\right] = \sum_{m=0}^{n} a^{n-m}b^m = a^n \sum_{m=0}^{n}\left(\frac{b}{a}\right)^m$$

$$= a^n \left[ \frac{1 - \left(\frac{b}{a}\right)^{n+1}}{1 - \frac{b}{a}} \right] = \frac{a^{n+1} - b^{n+1}}{a - b}$$

因此，Fibonacci 数列的通项公式为

$$y(n) = \frac{a^{n+1} - b^{n+1}}{a - b} = \frac{1}{\sqrt{5}} \left[ \left(\frac{1 + \sqrt{5}}{2}\right)^{n+1} - \left(\frac{1 - \sqrt{5}}{2}\right)^{n+1} \right], \ n = 0, 1, 2, \cdots$$

## 5.5  Z 变换及其逆变换的 Matlab 运算

### 5.5.1  Z 变换计算

Matlab 符号工具箱提供了 ztrans( ) 函数来进行单边 Z 变换的计算，其调用格式为：

（1）$F = \text{ztrans}(f)$：返回符号函数 $f$ 的 Z 变换。输入值 $f$ 的参量为默认变量 $n$，返回值 $F$ 的参量为默认变量 $z$，即

$$F(z) = \sum_{n=0}^{+\infty} f(n) z^{-n}$$

（2）$F = \text{ztrans}(f, w)$：返回符号函数 $F$ 的 Z 变换。输入值 $f$ 的参量为默认变量 $n$，返回值 $F$ 的参量为默认变量 $w$，即

$$F(w) = \sum_{n=0}^{+\infty} f(n) z^{-n}$$

（3）$F = \text{ztrans} f, k, w$：返回符号函数 $F$ 的 Z 变换。输入值 $f$ 的参量为指定变量 $k$，返回值 $F$ 的参量为指定变量 $w$，即

$$F(w) = \sum_{k=0}^{+\infty} f(k) z^{-k}$$

下面，我们通过例子来演示 Z 变换的计算。

**例 5.20**  求序列 $f(n) = \text{e}^{-anT}$ 的 Z 变换，其中 $n \geq 0$，$a$ 分别为实数和虚数。

**解**  根据 Z 变换的定义，有

$$F(z) = \sum_{n=0}^{+\infty} \text{e}^{-anT} z^{-n} = \sum_{n=0}^{+\infty} (\text{e}^{-aT} z^{-1})^n$$

令 $u = \text{e}^{-aT} z^{-1}$，则有

$$F(z) = \sum_{n=0}^{+\infty} u^n = \frac{1}{1 - u}$$

当 $a$ 为实数时，由于 $|u| = \text{e}^{-aT} |z^{-1}|$，收敛条件为 $|z| > \text{e}^{-aT}$，因此

$$F(z) = \frac{z}{z - \text{e}^{-aT}}, \ |z| > \text{e}^{-aT}$$

当 $a$ 为虚数时，由于 $|u| = |z^{-1}|$，收敛条件为 $|z| > 1$，因此

$$F(z) = \frac{z}{z - \text{e}^{-aT}}, \ |z| > 1$$

综合可得

$$F(z) = \frac{z}{z - e^{-aT}}, \quad |z| > |e^{-aT}|$$

采用 Matlab 计算 Z 变换的脚本代码如下：

```
>> clear all;
>> syms n positive;
>> syms a z T;
>> f = exp(- a * n * T);
>> F = ztrans(f, n, z)
F =
z/(z - exp(- T * a))
```

**例 5.21**  求序列 $f(n) = n \cdot 0.8^n$ 的 Z 变换，其中 $n \geqslant 0$。

**解**  因为

$$\mathcal{Z}(0.8^n) = \frac{z}{z - 0.8}, \quad |z| > 0.8$$

根据 Z 变换的微分性质，得

$$\mathcal{Z}(n \cdot 0.8^n) = -z \frac{\mathrm{d}}{\mathrm{d}z} \mathcal{Z}(0.8^n)$$

$$= \frac{0.8z}{(z - 0.8)^2}, \quad |z| > 0.8$$

绘制波形图的 Matlab 脚本如下：

```
>> clear all;
>> n = 0: 50;
>> f = n. * 0.8.^n;
>> stem(n, f);
>> xlabel('n');
>> ylabel('f(n)');
```

波形如图 5.3 所示。

采用 Matlab 计算 Z 变换的脚本代码如下：

```
>> clear all;
>> syms n x positive;
>> syms z;
>> f = n * 0.8^n;
>> F = ztrans(f, n, z)
F =
(20 * z)/(5 * z - 4)^2
```

## 5.5.2  逆 Z 变换计算

Matlab 符号工具箱提供了 iztrans( ) 函数来进行逆 Z 变换的计算，其调用格式为：

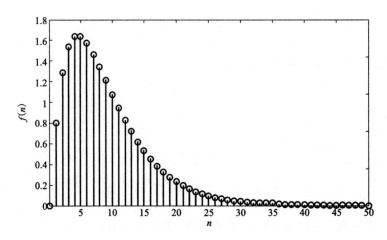

**图 5.3  序列 $f(n) = n \cdot 0.8^n$ 的波形图**

(1)$f$ = iztrans($F$)：返回符号函数 $F$ 的逆 $Z$ 变换。输入值 $F$ 的参量为默认变量 $z$，返回值 $f$ 的参量为默认变量 $n$。

(2)$f$ = iztrans($F, k$)：返回符号函数 $F$ 的逆 $Z$ 变换。输入值 $F$ 的参量为默认变量 $z$，返回值 $f$ 的参量为指定变量 $k$。

(3)$f$ = iztrans($F, w, k$)：返回符号函数 $F$ 的逆 $Z$ 变换。输入值 $F$ 的参量为指定变量 $w$，返回值 $f$ 的参量为指定变量 $k$。

下面，我们通过例子来演示 Laplace 逆变换的计算。

**例 5.22**  求函数 $F(z) = \dfrac{z^2 + z}{(z-2)^2}$ 的逆 $Z$ 变换。

**解**  根据部分分式展开，有

$$\frac{F(z)}{z} = \frac{z^2 + z}{(z-2)^2} = \frac{B_1}{z-2} + \frac{B_2}{(z-2)^2}$$

计算待定系数，得

$$B_1 = \frac{1}{(2-1)!} \frac{\mathrm{d}}{\mathrm{d}z}\left[(z-2)^2 \frac{F(z)}{z}\right]\bigg|_{z=2} = 1,$$

$$B_2 = (z-2)^2 \frac{F(z)}{z}\bigg|_{z=2} = 3$$

于是

$$F(z) = \frac{z}{z-2} + \frac{3z}{(z-2)^2}$$

所以

$$f(n) = \mathcal{Z}^{-1}\left[\frac{z^2+z}{(z-2)^2}\right] = \mathcal{Z}^{-1}\left[\frac{z}{z-2}\right] + \mathcal{Z}^{-1}\left[\frac{3z}{(z-2)^2}\right]$$

$$= 2^n + \frac{3}{2}n2^n, \ n \geq 0$$

采用 Matlab 计算的脚本代码如下：

```
>> clear all;
>> syms z;
>> syms n positive;
>> F = (z^2 + z)/(z - 2)^2;
>> f = iztrans(F, z, n)
f =
(5 * 2^n)/2 + (3 * 2^n * (n - 1))/2
>> simplify(f)
ans =
(2^n * (3 * n + 2))/2
```

**例 5.23**　求函数 $F(z) = \dfrac{z^2 + 2z}{(z-1)^2}$ 的逆 Z 变换。

**解**　利用留数法，有

$$\mathscr{Z}^{-1}\left[\frac{z^2 + 2z}{(z-1)^2}\right] = \frac{1}{2\pi i}\oint_C \frac{z^{n+1} + 2z^n}{(z-1)^2}dz = \text{Res}\left[\frac{z^{n+1} + 2z^n}{(z-1)^2}, 1\right]$$

这里 $z = 1$ 为二级极点，计算留数得

$$\text{Res}\left[\frac{z^{n+1} + 2z^n}{(z-1)^2}, 1\right] = \frac{d}{dz}(z^{n+1} + 2z^n)\bigg|_{z=1} = 3n + 1$$

所以

$$f(n) = \mathscr{Z}^{-1}\left[\frac{z^2 + 2z}{(z-1)^2}\right] = 3n + 1, \ n \geq 0$$

采用 Matlab 计算的脚本代码如下：

```
>> clear all;
>> syms z;
>> syms n positive;
>> F = (z^2 + 2 * z)/(z - 1)^2;
>> f = iztrans(F, z, n)
f =
3 * n + 1
```

**例 5.24**　求函数 $F(z) = \dfrac{z^2}{(z-2)(z-3)}$ 的逆 Z 变换。

**解**　由于

$$\mathscr{Z}^{-1}\left(\frac{z}{z-2}\right) = 2^n, \ \mathscr{Z}^{-1}\left(\frac{z}{z-3}\right) = 3^n$$

根据卷积定理有

$$\mathscr{Z}^{-1}\left[\frac{z^2}{(z-2)(z-3)}\right] = \sum_{m=0}^{n} 2^m 3^{n-m} = 3^n \sum_{m=0}^{n}\left(\frac{2}{3}\right)^m$$

$$= 3^n \left[ \frac{1 - \left( \dfrac{2}{3} \right)^{n+1}}{1 - \dfrac{2}{3}} \right]$$

$$= 3^{n+1} - 2^{n+1}$$

因此,

$$f(n) = \mathscr{Z}^{-1} \left[ \frac{z^2}{(z-2)(z-3)} \right] = 3^{n+1} - 2^{n+1}, \ n \geqslant 0$$

采用 Matlab 计算的脚本代码如下:

```
>> clear all;
>> syms z;
>> syms n positive;
>> F = z^2/((z - 2) * (z - 3));
>> f = iztrans(F, z, n)
f =
3 * 3^n - 2 * 2^n
```

**例 5.25**  已知 $f(n) = 0.9^n$ 和 $g(n) = 0.8^n$,且 $n \geqslant 0$,求 $f(n) * g(n)$。

**解**  因为

$$\mathscr{Z}[f(n)] = \frac{z}{z - 0.9}, \ \mathscr{Z}[g(n)] = \frac{z}{z - 0.8}$$

根据时域卷积性质有

$$\mathscr{Z}[f(n) * g(n)] = \mathscr{Z}[f(n)] \cdot \mathscr{Z}[g(n)]$$

$$= \frac{z^2}{(z - 0.9)(z - 0.8)}$$

利用留数法,有

$$f(n) * g(n) = \mathscr{Z}^{-1} \left[ \frac{z^2}{(z - 0.9)(z - 0.8)} \right]$$

$$= \frac{1}{2\pi \mathrm{i}} \oint_C \frac{z^{n+1}}{(z - 0.9)(z - 0.8)} \mathrm{d}z$$

$$= \mathrm{Res} \left[ \frac{z^{n+1}}{(z - 0.9)(z - 0.8)}, 0.9 \right] + \mathrm{Res} \left[ \frac{z^{n+1}}{(z - 0.9)(z - 0.8)}, 0.8 \right]$$

计算留数得

$$\mathrm{Res} \left[ \frac{z^{n+1}}{(z - 0.9)(z - 0.8)}, 0.9 \right] = \frac{z^{n+1}}{z - 0.8} \bigg|_{z = 0.9} = 9 \left( \frac{9}{10} \right)^n,$$

$$\mathrm{Res} \left[ \frac{z^{n+1}}{(z - 0.9)(z - 0.8)}, 0.8 \right] = \frac{z^{n+1}}{z - 0.9} \bigg|_{z = 0.8} = -8 \left( \frac{4}{5} \right)^n,$$

所以

$$f(n) * g(n) = 9 \left( \frac{9}{10} \right)^n - 8 \left( \frac{4}{5} \right)^n, \ n \geqslant 0$$

下面,我们给出 Matlab 求解和图示计算结果的脚本代码:

```
>> clear all;
>> syms n positive;
>> syms z;
>> f = 0.9^n;
>> g = 0.8^n;
>> F = ztrans(f, n, z);
>> G = ztrans(g, n, z);
>> Convolution = iztrans(F * G, z, n)
Convolution =
9 * (9/10)^n − 8 * (4/5)^n
>> n = 0:50;
>> result = subs(Convolution, n);
>> stem(n, result);
>> xlabel('n');
>> ylabel('f(n) * g(n)');
```

两序列的卷积波形如图 5.4 所示。

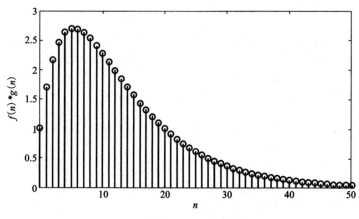

图 5.4    序列 $0.9^n$ 和 $0.8^n$ 的卷积波形

## 5.5.3   差分方程求解

根据 Z 变换的时移性质，对欲求解的差分方程两端取 Z 变换，将其转化为像函数的代数方程，由这个代数方程求出像函数，然后再取逆 Z 变换就获得差分方程的解。

Matlab 符号工具箱提供了 solve() 函数来求解符号代数方程，若再结合 ztrans() 函数和 iztrans() 函数，我们便能实现 Z 变换求解差分方程。下面，通过例子来演示利用 Matlab 工具来实现 Z 变换求解微分方程。

**例 5.26**    采用 Z 变换求解下列一阶差分方程的初值问题：

$$\begin{cases} y(n+1) + 2y(n) = n, \ n \geq 0 \\ y(0) = 1 \end{cases}$$

**解**    令 $\mathcal{Z}[y(n)] = Y(z)$，对方程两端取 Z 变换，则有

$$\mathcal{Z}[y(n+1)] + 2\mathcal{Z}[y(n)] = \mathcal{Z}(n)$$

根据时移性质,有

$$2[zY(z) - zy(0)] + 2Y(z) = \frac{z}{(z-1)^2}$$

结合初值条件,整理后得

$$Y(z) = \frac{z}{z+2} + \frac{z}{(z+2)(z-1)^2}$$

利用部分分式展开法,可得

$$Y(z) = \frac{z}{z+2} + \frac{1}{9} \cdot \frac{z}{z+2} + \frac{3}{9} \cdot \frac{z}{(z-1)^2} - \frac{1}{9} \cdot \frac{z}{z-1}$$

$$= \frac{10}{9} \cdot \frac{z}{z+2} + \frac{3}{9} \cdot \frac{z}{(z-1)^2} - \frac{1}{9} \cdot \frac{z}{z-1}$$

取其逆 $Z$ 变换即有

$$y(n) = \frac{10}{9}\mathcal{Z}^{-1}\left[\frac{z}{z+2}\right] + \frac{3}{9}\mathcal{Z}^{-1}\left[\frac{z}{(z-1)^2}\right] - \frac{1}{9}\mathcal{Z}^{-1}\left[\frac{z}{z-1}\right]$$

$$= \frac{10}{9}(-2)^n + \frac{3}{9}n - \frac{1}{9}, \quad n = 0, 1, 2, \cdots$$

采用 Matlab 计算的脚本代码如下:

```
>> clear all;
>> syms n positive;
>> syms z y(n) Y;
>> LHS = ztrans(y(n + 1) + 2 * y(n), n, z);
>> RHS = ztrans(n, n, z);
>> LHS = subs(LHS, {ztrans(y(n), n, z)}, {Y});
>> LHS = subs(LHS, {y(0)}, {1});
>> Y = solve(LHS - RHS, Y);
>> y = iztrans(Y, z, n)
y =
n/3 + (10 * (- 2)^n)/9 - 1/9
```

**例 5.27** 采用 $Z$ 变换求解下列二阶差分方程的初值问题:

$$\begin{cases} 2y(n+2) - 3y(n+1) + y(n) = 5 \cdot 3^n, & n \geqslant 0 \\ y(0) = 0 \\ y(1) = 1 \end{cases}$$

**解** 令 $\mathcal{Z}[y(n)] = Y(z)$,对方程两端取 $Z$ 变换,则有

$$2\mathcal{Z}[y(n+2)] - 3\mathcal{Z}[y(n+1)] + \mathcal{Z}[y(n)] = 5\mathcal{Z}(3^n)$$

根据时移性质,有

$$2[z^2Y(z) - z^2y(0) - zy(1)] - 3[zY(z) - zy(0)] + Y(z) = \frac{5z}{z-3}$$

**120** 结合初值条件,整理后得

$$(2z - 1)(z - 1)Y(z) = \frac{z(2z - 1)}{z - 3}$$

即

$$Y(z) = \frac{z}{(z - 3)(z - 1)}$$

利用部分分式展开法，可得

$$Y(z) = -\frac{1}{2}\frac{z}{z - 1} + \frac{1}{2}\frac{z}{z - 3}$$

取其逆 Z 变换即有

$$y(n) = -\frac{1}{2}\mathscr{Z}^{-1}\left(\frac{z}{z - 1}\right) + \frac{1}{2}\mathscr{Z}^{-1}\left(\frac{z}{z - 3}\right)$$

$$= \frac{1}{2}(3^n - 1), \; n = 0, 1, 2, \cdots$$

采用 Matlab 计算的脚本代码如下：

```
>> clear all;
>> syms n positive;
>> syms z y(n) Y;
>> LHS = ztrans(2 * y(n + 2) - 3 * y(n + 1) + y(n), n, z);
>> RHS = 5 * ztrans(3^n, n, z);
>> LHS = subs(LHS, {ztrans(y(n), n, z)}, {Y});
>> LHS = subs(LHS, {y(0)}, {0});
>> LHS = subs(LHS, {y(1)}, {1});
>> Y = solve(LHS - RHS, Y);
>> y = iztrans(Y, z, n)
y =
3^n/2 - 1/2
```

**例 5.28**　采用 Z 变换求解下列差分方程组

$$\begin{cases} x(n + 1) = 4x(n) + 2y(n) \\ y(n + 1) = 3x(n) + 3y(n) \end{cases}, \; n \geq 0$$

其初始条件为 $x(0) = 0$ 和 $y(0) = 5$。

**解**　这是一个常系数差分方程组的初值问题。令

$$\mathscr{Z}[x(n)] = X(z), \; \mathscr{Z}[y(n)] = Y(z)$$

对方程组的两个方程两端取 Z 变换，有

$$\begin{cases} zX(z) - x(0)z = 4X(z) + 2Y(z) \\ zY(z) - y(0)z = 3X(z) + 3Y(z) \end{cases}$$

结合初值条件，则得

$$\begin{cases} (z - 4)X(z) - 2Y(z) = 0 \\ 3X(z) - (z - 3)Y(z) = -5z \end{cases}$$

求解这个线性方程组，即得

$$\begin{cases} X(z) = \dfrac{10z}{(z-6)(z-1)} \\ Y(s) = \dfrac{5z(z-4)}{(z-6)(z-1)} \end{cases}$$

利用部分分式展开法，可得

$$\begin{cases} X(z) = \dfrac{2z}{z-6} - \dfrac{2z}{z-6} \\ Y(s) = \dfrac{2z}{z-6} + \dfrac{3z}{z-1} \end{cases}$$

取逆 $Z$ 变换有

$$\begin{cases} x(n) = 2 \cdot 6^n - 2 \\ y(t) = 2 \cdot 6^n + 3 \end{cases}$$

这便是所求差分方程组的解。

采用 Matlab 计算的脚本代码如下：

```
>> clear all;
>> syms n positive;
>> syms z x(n) y(n) X Y;
>> LHS1 = ztrans(x(n + 1) - 4 * x(n) - 2 * y(n), n, z);
>> LHS1 = subs(LHS1, {ztrans(x(n), n, z)}, {X});
>> LHS1 = subs(LHS1, {ztrans(y(n), n, z)}, {Y});
>> LHS1 = subs(LHS1, {x(0)}, {0});
>> LHS1 = subs(LHS1, {y(0)}, {5});
>> LHS2 = ztrans(y(n + 1) - 3 * x(n) - 3 * y(n), n, z);
>> LHS2 = subs(LHS2, {ztrans(x(n), n, z)}, {X});
>> LHS2 = subs(LHS2, {ztrans(y(n), n, z)}, {Y});
>> LHS2 = subs(LHS2, {x(0)}, {0});
>> LHS2 = subs(LHS2, {y(0)}, {5});
>> [X, Y] = solve(LHS1, LHS2, X, Y);
>> x = iztrans(X, z, n)
x =
2 * 6^n - 2
>> y = iztrans(Y, z, n)
y =
2 * 6^n + 3
```

**例 5.29**  采用 $Z$ 变换求解下列二阶差分方程的初值问题：

$$\begin{cases} 2y(n) - 3y(n-1) + y(n-2) = x(n) - x(n-1), \ n \geqslant 0 \\ y(-2) = -2 \\ y(-1) = -1 \end{cases}$$

其中 $x(n) = 0.9^n H(n)$。

**解**  由于

$$\mathcal{Z}[x(n)] = \mathcal{Z}[0.9^n H(n)] = \frac{z}{z - 0.9},$$

$$\mathcal{Z}[x(n-1)] = z^{-1}\mathcal{Z}[x(n)] = \frac{1}{z - 0.9}$$

令 $\mathcal{Z}[y(n)] = Y(z)$，对方程两端取 $Z$ 变换，则有

$$2\mathcal{Z}[y(n)] - 3\mathcal{Z}[y(n-1)] + \mathcal{Z}[y(n-2)] = \mathcal{Z}[x(n)] - \mathcal{Z}[x(n-1)]$$

根据时移性质，有

$$2Y(z) - 3[z^{-1}Y(z) + y(-1)] + [z^{-2}Y(z) + y(-2) + z^{-1}y(-1)] = \frac{z-1}{z-0.9}$$

结合初值条件，整理后得

$$Y(z) = \frac{9z}{20z^2 - 28z + 9}$$

即

$$Y(z) = \frac{\frac{9}{20}z}{\left(z - \frac{1}{2}\right)\left(z - \frac{9}{10}\right)}$$

利用部分分式展开法，有

$$\frac{Y(z)}{z} = \frac{A_1}{z - \frac{1}{2}} + \frac{A_2}{z - \frac{9}{10}}$$

计算待定系数，得

$$A_1 = \left(z - \frac{1}{2}\right)\frac{Y(z)}{z}\bigg|_{z=\frac{1}{2}} = -\frac{9}{8},$$

$$A_2 = \left(z - \frac{9}{10}\right)\frac{Y(z)}{z}\bigg|_{z=\frac{9}{10}} = \frac{9}{8}$$

于是

$$Y(z) = -\frac{9}{8}\frac{z}{z - \frac{1}{2}} + \frac{9}{8}\frac{z}{z - \frac{9}{10}}$$

取其逆 $Z$ 变换即有

$$y(n) = -\frac{9}{8}\mathcal{Z}^{-1}\left(\frac{z}{z - \frac{1}{2}}\right) + \frac{9}{8}\mathcal{Z}^{-1}\left(\frac{z}{z - \frac{9}{10}}\right)$$

$$= -\frac{9}{8}\left(\frac{1}{2}\right)^n + \frac{9}{8}\left(\frac{9}{10}\right)^n, \ n = 0, 1, 2, \cdots$$

下面，我们给出 Matlab 求解和图示计算结果的脚本代码：

```
>> clear all;
>> syms n positive;
```

```
>> syms z y(n) Y;
>> LHS = ztrans(2 * y(n) - 3 * y(n - 1) + y(n - 2), n, z);
>> RHS = ztrans(0.9^n, n, z) - z^(- 1) * ztrans(0.9^n, n, z);
>> LHS = subs(LHS, {ztrans(y(n), n, z)}, {Y});
>> LHS = subs(LHS, {y(- 1)}, {- 1});
>> LHS = subs(LHS, {y(- 2)}, {- 2});
>> Y = solve(LHS - RHS, Y);
>> y = iztrans(Y, z, n)
y =
(9 * (9/10)^n)/8 - (9 * (1/2)^n)/8
>> n1 = 0: 50;
>> y_n = subs(y, n, n1);
>> stem(n1, y_n);
>> xlabel('n');
>> ylabel('y(n)');
```

结果如图 5.5 所示。

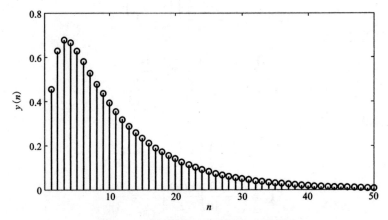

图 5.5　差分方程的 Z 变换求解结果图

# 习　题

1. 求下列函数的 Z 变换, 并利用 Matlab 验证计算结果:

(1) $f(n) = n^3$, $n \geqslant 0$

(2) $f(n) = \dfrac{a^n}{n!}$, $n \geqslant 0$

(3) $f(n) = H(n) - H(n - 2)$, $n \geqslant 0$

(4) $f(n) = n^2 a^n$, $n \geqslant 0$

2. 如果 $n \geqslant 0$, 证明:

$$\mathcal{Z}[\sinh(na)] = \frac{z\sinh a}{z^2 - 2z\cosh a + 1}$$

3. 采用幂级数展开法求下列函数的逆 Z 变换, 并利用 Matlab 验证计算结果:

$(1) F(z) = \dfrac{0.09z^2 + 0.9z + 0.09}{12.6z^2 - 24z + 11.4}$

$(2) F(z) = \dfrac{z + 1}{2z^4 - 2z^3 + 2z - 2}$

$(3) F(z) = \dfrac{1.5z^2 + 1.5z}{15.25z^2 - 36.75z + 30.75}$

$(4) F(z) = \dfrac{6z^2 + 6z}{19z^3 - 33z^2 + 21z - 7}$

4. 采用部分分式展开法求下列函数的逆 Z 变换, 并利用 Matlab 验证计算结果:

$(1) F(z) = \dfrac{z(z + 1)}{(z - 1)(z^2 - z + 1/4)}$

$(2) F(z) = \dfrac{(1 - \mathrm{e}^{-aT})z}{(z - 1)(z - \mathrm{e}^{-aT})}$

$(3) F(z) = \dfrac{z^2}{(z - 1)(z - a)}$

$(4) F(z) = \dfrac{(2z - a - b)z}{(z - z)(z - b)}$

5. 采用留数法求下列函数的逆 Z 变换, 并利用 Matlab 验证计算结果:

$(1) F(z) = \dfrac{z^2 + 3z}{(z - 1/2)^3}$

$(2) F(z) = \dfrac{z}{(z + 1)^2(z - 2)}$

$(3) F(z) = \dfrac{z}{(z + 1)^2(z - 1)^2}$

$(4) F(z) = \dfrac{z}{z^2 - 6z + 8}$

6. 选取适当的方法求下列函数的逆 Z 变换, 并利用 Matlab 验证计算结果:

$(1) F(z) = \dfrac{z}{z^2 + 1}$

$(2) F(z) = \dfrac{z^2 + 1}{z^2 - 1}$

$(3) F(z) = \dfrac{z^2}{(z + 1)(z + 3)}$

$(4) F(z) = \dfrac{z}{(z + 1)(z + 3)}$

$(5) F(z) = \dfrac{z^2 + 1}{(z - 1)^3}$

(6) $F(z) = \dfrac{z^3}{(z^2 + 1)(z - 2)}$

(7) $F(z) = \dfrac{z^2 - 1}{z^2 - 2z}$

(8) $F(z) = \dfrac{z\sin b}{z^2 - 2z\cos b + 1}$

7. 利用卷积定理证明：

$$\mathscr{Z}^{-1}\left[\frac{z(z + 1)}{(z - 1)^3}\right] = n^2$$

8. 采用 $Z$ 变换求解下列一阶差分方程的初值问题，并利用 Matlab 验证计算结果：

(1) $\begin{cases} y(n + 1) - y(n) = n^2, \ n \geqslant 0 \\ y(0) = 1 \end{cases}$

(2) $\begin{cases} y(n + 1) + y(n) = n, \ n \geqslant 0 \\ y(0) = 0 \end{cases}$

9. 采用 $Z$ 变换求解下列二阶齐次差分方程的初值问题：

$$\begin{cases} y(n + 2) - 2y(n + 1) + y(n) = 0, \ n \geqslant 0 \\ y(0) = 1 \\ y(1) = 1 \end{cases}$$

要求：利用 Matlab 验证计算结果。

10. 采用 $Z$ 变换求解下列二阶齐次差分方程的初值问题：

$$\begin{cases} y(n + 2) + a^2 y(n) = 0, \ n \geqslant 0 \\ y(0) = a^2 \\ y(1) = 1 \end{cases}$$

要求：利用 Matlab 验证计算结果。

11. 采用 $Z$ 变换求解下列二阶非齐次差分方程的初值问题：

$$\begin{cases} y(n + 2) - 2y(n + 1) + y(n) = 2, \ n \geqslant 0 \\ y(0) = 0 \\ y(1) = 2 \end{cases}$$

要求：利用 Matlab 验证计算结果。

12. 采用 $Z$ 变换求解下列差分方程组

$$\begin{cases} x(n + 1) = 3x(n) - 4y(n) \\ y(n + 1) = 2x(n) - 3y(n) \end{cases}, \ n \geqslant 0$$

其初始条件为 $x(0) = 3$ 和 $y(0) = 2$。要求：利用 Matlab 验证计算结果。

# 第 6 章 Hankel 变换及其应用

Hankel 变换是 Fourier 变换在圆/球对称域中的一种特殊形式 —— 含有 Bessel 函数为核的积分变换，可以用于分析信号在径向的波动情况。本章将重点介绍 Hankel 变换的定义、基本运算性质和偏微分方程定解问题的应用，并讨论快速 Hankel 变换的数值计算方法。

## 6.1 Hankel 变换的概念

我们已经知道二重 Fourier 变换及其逆变换的定义为

$$F(\xi, \eta) = \int_{-\infty}^{+\infty}\int_{-\infty}^{+\infty} f(x, y)\,\mathrm{e}^{-\mathrm{i}(x\xi+y\eta)}\,\mathrm{d}x\mathrm{d}y \tag{6.1}$$

和

$$f(x, y) = \frac{1}{(2\pi)^2}\int_{-\infty}^{+\infty}\int_{-\infty}^{+\infty} F(\xi, \eta)\,\mathrm{e}^{\mathrm{i}(x\xi+y\eta)}\,\mathrm{d}\xi\mathrm{d}\eta \tag{6.2}$$

考虑一个圆对称问题，引入极坐标：

$$\begin{cases} x = r\cos\theta, & y = r\sin\theta \\ \xi = \rho\cos\varphi, & \eta = \rho\sin\varphi \end{cases} \tag{6.3}$$

这时，式(6.1) 可以改写为

$$F(\rho, \varphi) = \int_0^{+\infty} rf(r)\,\mathrm{d}r\int_0^{2\pi} \mathrm{e}^{-\mathrm{i}\rho r\cos(\theta-\varphi)}\,\mathrm{d}\theta \tag{6.4}$$

考虑到 Bessel 函数的积分表达式

$$\int_0^{2\pi} \mathrm{e}^{-\mathrm{i}\rho r\cos(\theta-\varphi)}\,\mathrm{d}\theta = J_0(\rho r) \tag{6.5}$$

式中，$J_0(x)$ 为 0 阶 Bessel 函数。

根据式(6.4) 和式(6.5) 可以看出，$F(\rho, \varphi)$ 函数只与 $\rho$ 相关，即有 $F(\rho, \varphi) \equiv F(\rho)$。这时，式(6.4) 可进一步改写为

$$F(\rho) = \int_0^{+\infty} rf(r)J_0(\rho r)\,\mathrm{d}r \tag{6.6}$$

上式称为 0 阶 Hankel 变换。

将式(6.3) 代入式(6.2)，整理后可得

$$f(r) = \int_0^{+\infty} \rho F(\rho)J_0(\rho r)\,\mathrm{d}\rho \tag{6.7}$$

上式称为 0 阶 Hankel 逆变换。

下面，我们给出函数 $f(r)$ 的 $n$ 阶 Hankel 变换表达式：

$$F(\rho) = \int_0^{+\infty} rf(r)J_n(\rho r)\,\mathrm{d}r \tag{6.8}$$

式中，$J_n(\rho r)$ 为 $n$ 阶第一类 Bessel 函数。为方便起见，上式还常简写为

$$F(\rho) = \mathcal{H}_n[f(r)]$$

相应地，$n$ 阶 Hankel 逆变换的表达式为

$$\mathcal{H}_n^{-1}[F(\rho)] = f(r) = \int_0^{+\infty} \rho F(\rho) J_0(\rho r)\, \mathrm{d}\rho \tag{6.9}$$

特别地，0 阶 Hankel 变换和 1 阶 Hankel 变换通常用于求解圆对称或球对称的拉普拉斯方程定解问题。

**例 6.1** 求函数 $f(r) = \dfrac{1}{r}\mathrm{e}^{-ar}$ 的 0 阶 Hankel 变换。

**解** 根据 0 阶 Hankel 变换的定义，有

$$F(\rho) = \int_0^{+\infty} rf(r) J_0(\rho r)\, \mathrm{d}r = \int_0^{+\infty} \mathrm{e}^{-ar} J_0(\rho r)\, \mathrm{d}r$$

$$= \frac{1}{\sqrt{a^2 + \rho^2}}$$

**例 6.2** 求函数 $f(r) = \mathrm{e}^{-ar}$ 的 1 阶 Hankel 变换。

**解** 根据 1 阶 Hankel 变换的定义，有

$$F(\rho) = \int_0^{+\infty} rf(r) J_1(\rho r)\, \mathrm{d}r = \int_0^{+\infty} r\mathrm{e}^{-ar} J_1(\rho r)\, \mathrm{d}r$$

$$= \frac{\rho}{(a^2 + \rho^2)^{\frac{3}{2}}}$$

为了应用方便，将常见函数的 Hankel 变换公式列成一表，即所谓 Hankel 变换简表，见附录 D。

## 6.2 Hankel 变换的性质

1. 线性性质

设 $F_1(\rho) = \mathcal{H}_n[f_1(r)]$，$F_2(\rho) = \mathcal{H}_n[f_2(r)]$，$a_1$，$a_2$ 为任意常数，则

$$\mathcal{H}_n[a_1 f_1(r) + a_2 f_2(r)] = a_1 F_1(\rho) + a_2 F_2(\rho) \tag{6.10}$$

$$\mathcal{H}_n^{-1}[a_1 F_1(\rho) + a_2 F_2(\rho)] = a_1 f_1(r) + a_2 f_2(r) \tag{6.11}$$

这个性质表示，Hankel 变换及其逆变换都是线性变换。

2. 相似性质

设 $F(\rho) = \mathcal{H}_n[f(r)]$，当 $f(r)$ 经压缩或扩展为 $f(ar)$（$a$ 为非零常数）时，其 Hankel 变换为

$$\mathcal{H}_n[f(ar)] = \frac{1}{a^2} F\left(\frac{\rho}{a}\right) \tag{6.12}$$

**证** 由 Hankel 变换的定义有

$$\mathcal{H}_n[f(ar)] = \int_0^{+\infty} rf(at) J_n(\rho r)\, \mathrm{d}r$$

令 $x = ar$，则 $\mathrm{d}r = \dfrac{1}{a}\mathrm{d}x$，代入上式可得：

$$\mathcal{H}_n[f(ar)] = \int_0^{+\infty} rf(at) J_n(\rho r)\, \mathrm{d}r$$

$$= \frac{1}{a^2} \int_0^{+\infty} xf(x) J_n\left(\frac{\rho}{a}x\right) \mathrm{d}x$$

$$= \frac{1}{a^2} F\left(\frac{\rho}{a}\right)$$

**3. Parseval's 关系**

设 $F(\rho) = \mathcal{H}_n[f(r)]$，$G(\rho) = \mathcal{H}_n[g(r)]$，则有

$$\int_0^{+\infty} rf(r)g(r)\,\mathrm{d}r = \int_0^{+\infty} \rho F(\rho) G(\rho)\,\mathrm{d}\rho \qquad (6.13)$$

**证**　由 Hankel 变换的定义有

$$\int_0^{+\infty} \rho F(\rho) G(\rho)\,\mathrm{d}\rho = \int_0^{+\infty} \rho F(\rho)\,\mathrm{d}\rho \int_0^{+\infty} rg(r) J_n(\rho r)\,\mathrm{d}r$$

$$= \int_0^{+\infty} rg(r)\,\mathrm{d}r \int_0^{+\infty} \rho F(\rho) J_n(\rho r)\,\mathrm{d}\rho$$

$$= \int_0^{+\infty} rf(r)g(r)\,\mathrm{d}r$$

**4. 微分性质**

设 $F(\rho) = \mathcal{H}_n[f(r)]$，则有

$$\mathcal{H}_n[f'(r)] = \frac{\rho}{2n}\{(n-1)\mathcal{H}_{n+1}[f(r)] - (n+1)\mathcal{H}_{n-1}[f(r)]\},\ n \geqslant 1 \qquad (6.14)$$

$$\mathcal{H}_1[f'(r)] = \rho \mathcal{H}_{n-1}[f(r)] \qquad (6.15)$$

当 $r \to 0$ 和 $r \to +\infty$ 时，假设 $rf(r) \to 0$。

**证**　由 Hankel 变换的定义有

$$\mathcal{H}_n[f'(r)] = \int_0^{+\infty} rf'(r) J_n(\rho r)\,\mathrm{d}r$$

$$= [rf(r) J_n(\rho r)]\Big|_0^{+\infty} - \int_0^{+\infty} f(r)\frac{\mathrm{d}}{\mathrm{d}r}[rJ_n(\rho r)]\,\mathrm{d}r$$

根据 Bessel 函数的性质可知

$$\frac{\mathrm{d}}{\mathrm{d}r}[rJ_n(\rho r)] = J_n(\rho r) + r\rho J'_n(\rho r) = J_n(\rho r) + r\rho J_{n-1}(\rho r) - nJ_n(\rho r)$$

$$= (1-n)J_n(\rho r) + r\rho J_{n-1}(\rho r)$$

于是可得

$$\mathcal{H}_n[f'(r)] = (1-n)\int_0^{+\infty} f(r) J_n(\rho r)\,\mathrm{d}r - \rho \mathcal{H}_{n-1}[f(r)]$$

再由 Bessel 函数关系式：

$$J_n(\rho r) = \frac{\rho r}{2n}[J_{n-1}(\rho r) + J_{n+1}(\rho r)]$$

因此，

$$\mathcal{H}_n[f'(r)] = -\rho \mathcal{H}_{n-1}[f(r)] + \rho\left(\frac{1-n}{2n}\right)\left\{\int_0^{+\infty} rf(r)[J_{n-1}(\rho r) + J_{n+1}(\rho r)]\,\mathrm{d}r\right\}$$

$$= -\rho \mathcal{H}_{n-1}[f(r)] + \rho\left(\frac{1-n}{2n}\right)\{\mathcal{H}_{n-1}[f(r)] + \mathcal{H}_{n+1}[f(r)]\}$$

$$= \frac{\rho}{2n}\{(n-1)\mathcal{H}_{n+1}[f(r)] - (n+1)\mathcal{H}_{n-1}[f(r)]\},$$

同理，应用式(6.14)可得到下列结论：

$$\mathcal{H}_n[f''(r)] = \frac{\rho}{2n}\{(n-1)\mathcal{H}_{n+1}[f'(r)] - (n+1)\mathcal{H}_{n-1}[f'(r)]\}$$

$$= \frac{\rho^2}{4}\left\{\left(\frac{n+1}{n-1}\right)\mathcal{H}_{n-2}[f(r)] - 2\left(\frac{n^2-3}{n^2-1}\right)\mathcal{H}_n[f(r)] + \right.$$

$$\left.\left(\frac{n-1}{n+1}\right)\mathcal{H}_{n+2}[f(r)]\right\} \tag{6.16}$$

## 6.3  Hankel 变换求解偏微分方程

### 6.3.1  圆盘域波动方程

考虑如下偏微分方程定解问题：

$$\begin{cases} \dfrac{\partial^2 u}{\partial t^2} = a^2\left(\dfrac{\partial^2 u}{\partial r^2} + \dfrac{1}{r}\dfrac{\partial u}{\partial r}\right), & 0 < r < +\infty, \ t > 0 \\[2mm] u\big|_{t=0} = f(r), \ \dfrac{\partial u}{\partial t}\bigg|_{t=0} = g(r), & 0 < r < +\infty \end{cases} \tag{6.17}$$

式中，$a$ 为常数。

这里讨论 Hankel 变换法求解。

（1）对偏微分方程定解问题进行 Hankel 变换。令

$$\mathcal{H}_0[u(r,t)] = U(\rho,t) = \int_0^{+\infty} r u(r,t) J_0(\rho r)\,\mathrm{d}r$$

根据 Hankel 变换的微分性质，有

$$\mathcal{H}_0\left(\frac{\partial^2 u}{\partial r^2} + \frac{1}{r}\frac{\partial u}{\partial r}\right) = -\rho^2 U(\rho,t)$$

另一方面

$$\mathcal{H}_0\left(\frac{\partial u}{\partial t}\right) = \int_0^{+\infty} r\frac{\partial u(r,t)}{\partial t} J_0(\rho r)\,\mathrm{d}r = \frac{\partial}{\partial t}\int_0^{+\infty} r u(r,t) J_0(\rho r)\,\mathrm{d}r$$

$$= \frac{\mathrm{d}U(\rho,t)}{\mathrm{d}t}$$

$$\mathcal{H}_0\left[\frac{\partial^2 u}{\partial t^2}\right] = \frac{\mathrm{d}^2 U(\rho,t)}{\mathrm{d}t^2}$$

对初始条件也作 Hankel 变换，得

$$U(\rho,0) = \mathcal{H}_0[f(r)] = F(\rho), \ \frac{\mathrm{d}U(\rho,0)}{\mathrm{d}t} = \mathcal{H}_0[g(r)] = G(\rho)$$

于是，偏微分方程定解问题(6.17)变为

$$\begin{cases} \dfrac{\mathrm{d}^2 U(\rho,\, t)}{\mathrm{d}t^2} + a^2 \rho^2 U(\rho,\, t) = 0 \\ U(\rho,\, 0) = F(\rho) \\ \dfrac{\mathrm{d}U}{\mathrm{d}t}\Big|_{t=0} = G(\rho) \end{cases} \tag{6.18}$$

（2）求常微分方程在相应条件下的解。常微分方程(6.18) 的通解为

$$U(\rho,\, t) = A\cos(a\rho t) + B\sin(a\rho t) \tag{6.19}$$

利用式(6.18) 的初始条件，得

$$\begin{cases} A = F(\rho) \\ a\rho B = G(\rho) \end{cases}$$

因此得到

$$A = F(\rho),\ B = \frac{1}{a\rho} G(\rho)$$

代入式(6.19)，得

$$U(\rho,\, t) = F(\rho)\cos(a\rho t) + \frac{G(\rho)}{a\rho}\sin(a\rho t) \tag{6.20}$$

（3）取 Hankel 逆变换，即得原定解问题的解。对式(6.20) 进行 Hankel 逆变换，即得

$$u(r,\, t) = \int_0^{+\infty} \rho F(\rho)\cos(a\rho t) J_0(\rho r)\mathrm{d}\rho + \frac{1}{a}\int_0^{+\infty} G(\rho)\sin(a\rho t)J_0(\rho r)\mathrm{d}\rho \tag{6.21}$$

**例 6.3**　采用 Hankel 变换法求解下列波动方程定解问题：

$$\begin{cases} \dfrac{\partial^2 u}{\partial t^2} = a^2\left(\dfrac{\partial^2 u}{\partial r^2} + \dfrac{1}{r}\dfrac{\partial u}{\partial r}\right), & 0 < r < +\infty,\ t > 0 \\ u\big|_{t=0} = \dfrac{1}{\sqrt{r^2 + b^2}},\ \dfrac{\partial u}{\partial t}\Big|_{t=0} = 0, & 0 < r < +\infty \end{cases}$$

式中，$a$ 和 $b$ 均为常数。

**解**　本题中 $f(r) = \dfrac{1}{\sqrt{r^2 + b^2}}$，$g(r) = 0$，根据 Hankel 变换可得

$$F(\rho) = \mathcal{H}_0[f(r)] = \int_0^{+\infty} r\frac{1}{\sqrt{r^2 + b^2}}J_0(\rho r)\mathrm{d}r = \frac{1}{\rho}\mathrm{e}^{-b\rho},$$

$$G(\rho) = \mathcal{H}_0[g(r)] \equiv 0$$

因此，原定解问题的解为

$$u(r,\, t) = \int_0^{+\infty} \mathrm{e}^{-b\rho}\cos(a\rho t)J_0(\rho r)\mathrm{d}\rho = \mathrm{Re}\big[\sqrt{r^2 + (b + \mathrm{i}at)^2}\big]$$

## 6.3.2　圆盘域拉普拉斯方程

考虑如下偏微分方程定解问题：

$$\begin{cases} \dfrac{\partial^2 u}{\partial r^2} + \dfrac{1}{r}\dfrac{\partial u}{\partial r} + \dfrac{\partial^2 u}{\partial z^2} = 0, & 0 < r < +\infty,\ z > 0 \\ \lim_{z \to +\infty} u(r,\, z) = 0 \\ u(r,\, 0) = f(r), & 0 < r < +\infty \end{cases} \tag{6.22}$$

对于这类稳定问题，我们尝试利用 Hankel 变换来求解。

（1）对偏微分方程定解问题进行 Hankel 变换。令

$$\mathcal{H}_0[u(r,z)] = U(\rho,z) = \int_0^{+\infty} r u(r,z) J_0(\rho r)\,\mathrm{d}r$$

根据 Hankel 变换的微分性质，有

$$\mathcal{H}_0\left(\frac{\partial^2 u}{\partial r^2} + \frac{1}{r}\frac{\partial u}{\partial r}\right) = -\rho^2 U(\rho,z)$$

另一方面

$$\mathcal{H}_0\left(\frac{\partial u}{\partial z}\right) = \int_0^{+\infty} r\frac{\partial u(r,z)}{\partial z} J_0(\rho r)\,\mathrm{d}r = \frac{\partial}{\partial z}\int_0^{+\infty} r u(r,z) J_0(\rho r)\,\mathrm{d}r$$

$$= \frac{\mathrm{d}U(\rho,z)}{\mathrm{d}z}$$

$$\mathcal{H}_0\left(\frac{\partial^2 u}{\partial z^2}\right) = \frac{\mathrm{d}^2 U(\rho,z)}{\mathrm{d}z^2}$$

对边界条件也作 Hankel 变换，得

$$U(\rho,0) = \mathcal{H}_0[f(r)] = F(\rho),\ \lim_{z\to+\infty} U(\rho,z) = 0$$

于是，偏微分方程定解问题（6.22）变为

$$\begin{cases} \dfrac{\mathrm{d}^2 U(\rho,z)}{\mathrm{d}z^2} - \rho^2 U(\rho,z) = 0 \\ U(\rho,0) = F(\rho) \\ \lim_{z\to+\infty} U(\rho,z) = 0 \end{cases} \tag{6.23}$$

（2）求常微分方程在相应条件下的解。常微分方程（6.23）的通解为

$$U(\rho,z) = Ae^{-\rho z} + Be^{\rho z} \tag{6.24}$$

利用式（6.23）的边界条件，得

$$\begin{cases} A = F(\rho) \\ B = 0 \end{cases}$$

代入式（6.24），得

$$U(\rho,z) = F(\rho)e^{-\rho z} \tag{6.25}$$

（3）取 Hankel 逆变换，即得原定解问题的解。对式（6.25）进行 Hankel 逆变换，即得

$$u(r,z) = \int_0^{+\infty} \rho F(\rho) e^{-\rho z} J_0(\rho r)\,\mathrm{d}\rho \tag{6.26}$$

**例 6.4** 采用 Hankel 变换法求解下列边值问题：

$$\begin{cases} \dfrac{\partial^2 u}{\partial r^2} + \dfrac{1}{r}\dfrac{\partial u}{\partial r} + \dfrac{\partial^2 u}{\partial z^2} = 0, & 0 < r < +\infty,\ z > 0 \\ \lim_{z\to+\infty} u(r,z) = 0 \\ u(r,0) = \dfrac{1}{\sqrt{r^2 + a^2}}, & 0 < r < +\infty \end{cases}$$

式中 $a$ 和 $b$ 均为常数。

**解**　本题中 $f(r) = \dfrac{1}{\sqrt{r^2 + a^2}}$，根据 Hankel 变换可得

$$F(\rho) = \mathcal{H}_0[f(r)] = \int_0^{+\infty} r \frac{1}{\sqrt{r^2 + a^2}} J_0(\rho r) \, \mathrm{d}r = \frac{1}{\rho} \mathrm{e}^{-a\rho}$$

因此，原定解问题的解为

$$u(r, z) = \int_0^{+\infty} \rho F(\rho) \mathrm{e}^{-\rho z} J_0(\rho r) \, \mathrm{d}\rho$$

$$= \int_0^{+\infty} \mathrm{e}^{-(z+a)\rho} J_0(\rho r) \, \mathrm{d}\rho$$

$$= \frac{1}{\sqrt{(z + a)^2 + r^2}}$$

# 6.4　快速 Hankel 变换数值算法及应用

## 6.4.1　Hankel 数值滤波算法

将 Hankel 积分变换写成如下形式：

$$f(r) = \int_0^{+\infty} K(\lambda) J_i(\lambda r) \, \mathrm{d}\lambda \tag{6.27}$$

式中，$J_i$ 是 0 阶或 1 阶贝塞尔函数。这种积分变换广泛出现在轴对称问题中，如层状介质直流电测深、可控源音频大地电磁法和瞬变电磁法的正演计算。

若令 $\lambda = \mathrm{e}^{-u}$，$r = \mathrm{e}^v$，$u, v \in (-\infty, +\infty)$，代入式(6.27)，有：

$$f(\mathrm{e}^v) = \int_{-\infty}^{+\infty} K(\mathrm{e}^{-u}) J_n(\mathrm{e}^{v-u}) \mathrm{e}^{-u} \, \mathrm{d}u$$

$$= \frac{1}{r} \int_{-\infty}^{+\infty} K(\mathrm{e}^{-u}) \left[ J_n(\mathrm{e}^{v-u}) \mathrm{e}^{v-u} \right] \mathrm{d}u \tag{6.28}$$

设函数 $G(v) = rf(\mathrm{e}^v) = \mathrm{e}^v f(\mathrm{e}^v)$，$F(u) = K(\mathrm{e}^{-u})$，$H(v - u) = J_n(\mathrm{e}^{v-u}) \mathrm{e}^{v-u}$，那么式(6.28)可写成连续函数的褶积形式：

$$G(v) = \int_{-\infty}^{+\infty} F(u) H(v - u) \, \mathrm{d}u \tag{6.29}$$

根据采样定理，可将式(6.29)转换成离散序列的褶积形式：

$$G(i\Delta) = \sum_{k=-\infty}^{+\infty} F(k\Delta) H[(i - k)\Delta] \tag{6.30}$$

式中，$\Delta$ 为采样步长，满足采样定理，$i$，$k$ 为采样的序列号。式(6.27)可以近似写成核函数与权函数乘积的形式，即线性数值滤波计算公式：

$$rf(r) = \sum_{i=1}^n K(\lambda_i) \cdot W_i \tag{6.31}$$

$$\lambda_i = \frac{1}{r} \times 10^{[a+(i-1)s]}, \quad i = 1, 2, \cdots, n \tag{6.32}$$

数值计算的精度取决于积分区间的长度 $n$、抽样点的位置 $\lambda_i$ 和滤波系数 $W_i$。通常 $n$ 越大

计算精度越高。附录 E 给出了 Guptasarma 和 Singh(1997) 数值计算 Hankel 变换提供的 61 点和 120 点 $J_0$ 滤波系数以及 47 点和 140 点 $J_1$ 滤波系数。

下面，我们给出 120 点 $J_0$ 滤波系数和 47 点 $J_1$ 滤波系数的快速 Hankel 变换程序。

(1)0 阶 Hankel 变换的数值计算程序

Matlab 函数文件 hankel0_120. m 如下：

```
function z =    hankel0_120(fun, r)
a =  - 8.38850000000e + 00;
s =    9.04226468670e - 02;
wt0 = [ 9.62801364263e - 07,      - 5.02069203805e - 06,       1.25268783953e - 05, ...
       - 1.99324417376e - 05,       2.29149033546e - 05,      - 2.04737583809e - 05, ...
         1.49952002937e - 05,      - 9.37502840980e - 06,       5.20156955323e - 06, ...
       - 2.62939890538e - 06,       1.26550848081e - 06,      - 5.73156151923e - 07, ...
         2.76281274155e - 07,      - 1.09963734387e - 07,       7.38038330280e - 08, ...
       - 9.31614600001e - 09,       3.87247135578e - 08,       2.10303178461e - 08, ...
         4.10556513877e - 08,       4.13077946246e - 08,       5.68828741789e - 08, ...
         6.59543638130e - 08,       8.40811858728e - 08,       1.01532550003e - 07, ...
         1.26437360082e - 07,       1.54733678097e - 07,       1.91218582499e - 07, ...
         2.35008851918e - 07,       2.89750329490e - 07,       3.56550504341e - 07, ...
         4.39299297826e - 07,       5.40794544880e - 07,       6.66136379541e - 07, ...
         8.20175040653e - 07,       1.01015545059e - 06,       1.24384500153e - 06, ...
         1.53187399787e - 06,       1.88633707689e - 06,       2.32307100992e - 06, ...
         2.86067883258e - 06,       3.52293208580e - 06,       4.33827546442e - 06, ...
         5.34253613351e - 06,       6.57906223200e - 06,       8.10198829111e - 06, ...
         9.97723263578e - 06,       1.22867312381e - 05,       1.51305855976e - 05, ...
         1.86329431672e - 05,       2.29456891669e - 05,       2.82570465155e - 05, ...
         3.47973610445e - 05,       4.28521099371e - 05,       5.27705217882e - 05, ...
         6.49856943660e - 05,       8.00269662180e - 05,       9.85515408752e - 05, ...
         1.21361571831e - 04,       1.49454562334e - 04,       1.84045784500e - 04, ...
         2.26649641428e - 04,       2.79106748890e - 04,       3.43716968725e - 04, ...
         4.23267056591e - 04,       5.21251001943e - 04,       6.41886194381e - 04, ...
         7.90483105615e - 04,       9.73420647376e - 04,       1.19877439042e - 03, ...
         1.47618560844e - 03,       1.81794224454e - 03,       2.23860214971e - 03, ...
         2.75687537633e - 03,       3.39471308297e - 03,       4.18062141752e - 03, ...
         5.14762977308e - 03,       6.33918155348e - 03,       7.80480111772e - 03, ...
         9.61064602702e - 03,       1.18304971234e - 02,       1.45647517743e - 02, ...
         1.79219149417e - 02,       2.20527911163e - 02,       2.71124775541e - 02, ...
         3.33214363101e - 02,       4.08864842127e - 02,       5.01074356716e - 02, ...
         6.12084049407e - 02,       7.45146949048e - 02,       9.00780900611e - 02, ...
         1.07940155413e - 01,       1.27267746478e - 01,       1.46676027814e - 01, ...
         1.62254276550e - 01,       1.68045766353e - 01,       1.52383204788e - 01, ...
         1.01214136498e - 01,      - 2.44389126667e - 03,      - 1.54078468398e - 01, ...
       - 3.03214415655e - 01,      - 2.97674373379e - 01,       7.93541259524e - 03, ...
```

```
                 4.26273267393e - 01,          1.00032384844e - 01,          - 4.94117404043e - 01, ...
                 3.92604878741e - 01,        - 1.90111691178e - 01,            7.43654896362e - 02, ...
               - 2.78508428343e - 02,          1.09992061155e - 02,          - 4.69798719697e - 03, ...
                 2.12587632706e - 03,        - 9.81986734159e - 04,            4.44992546836e - 04, ...
               - 1.89983519162e - 04,          7.31024164292e - 05,          - 2.40057837293e - 05, ...
                 6.23096824846e - 06,        - 1.12363896552e - 06,            1.04470606055e - 07];
z = 0;
for j = 1: size(wt0, 2)
  lambda = ( 1/r) * 10^( a + ( j - 1) * s);
  z = z + feval(fun, lambda) * wt0(j);
end
z = z/r;
```

## （2）1 阶 Hankel 变换的数值计算程序

Matlab 函数文件 hankel1_47. m 如下：

```
function z1 = hankel1_47(fun, r)
a = - 3.05078187595e + 00;
s =   1.10599010095e - 01;
wt1 =   [3.17926147465e - 06,        - 9.73811660718e - 06,          1.64866227408e - 05, ...
        - 1.81501261160e - 05,          1.87556556369e - 05,        - 1.46550406038e - 05, ...
          1.53799733803e - 05,        - 6.95628273934e - 06,          1.41881555665e - 05, ...
          3.41445665537e - 06,          2.13941715512e - 05,          2.34962369042e - 05, ...
          4.84340283290e - 05,          7.33732978590e - 05,          1.27703784430e - 04, ...
          2.08120025730e - 04,          3.49803898913e - 04,          5.79107814687e - 04, ...
          9.65887918451e - 04,          1.60401273703e - 03,          2.66903777685e - 03, ...
          4.43111590040e - 03,          7.35631696247e - 03,          1.21782796293e - 02, ...
          2.01097829218e - 02,          3.30096953061e - 02,          5.37143591532e - 02, ...
          8.60516613299e - 02,          1.34267607144e - 01,          2.00125033067e - 01, ...
          2.74027505792e - 01,          3.18168749246e - 01,          2.41655667461e - 01, ...
        - 5.40549161658e - 02,        - 4.46912952135e - 01,        - 1.92231885629e - 01, ...
          5.52376753950e - 01,        - 3.57429049025e - 01,          1.41510519002e - 01, ...
        - 4.61421935309e - 02,          1.48273761923e - 02,        - 5.07479209193e - 03, ...
          1.83829713749e - 03,        - 6.67742804324e - 04,          2.21277518118e - 04, ...
        - 5.66248732755e - 05,          7.88229202853e - 06];
z1 = 0;
for i = 1: size(wt1, 2)
  lamda = ( 1/r) * 10^( a + ( i - 1) * s);
  z1 = z1 + feval(fun, lamda) * wt1(i);
end
z1 = z1/r;
```

### 6.4.2 数值算法精度验证

（1）算例一：$\int_0^{+\infty} e^{-c\lambda} J_0(\lambda r)\,d\lambda = \dfrac{1}{\sqrt{c^2 + r^2}}$

若取 $c = 1$，则该 0 阶 Hankel 变换的解析解为 $f(r) = \dfrac{1}{\sqrt{1 + r^2}}$。采用 120 点 $J_0$ 滤波系数求解，其数值计算结果如图 6.1 所示。从图中可以看出，0 阶 Hankel 变换的数值解与解析解吻合得非常好。

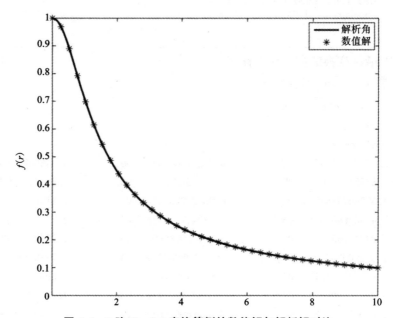

**图 6.1　0 阶 Hankel 变换算例的数值解与解析解对比**

（2）算例二：$\int_0^{+\infty} e^{-c\lambda} J_1(\lambda r)\,d\lambda = \dfrac{\sqrt{c^2 + r^2} - c}{r\sqrt{c^2 + r^2}}$

若取 $c = 1$，则该 1 阶 Hankel 变换的解析解为 $f(r) = \dfrac{\sqrt{r^2 + 1} - 1}{r\sqrt{r^2 + 1}}$。采用 45 点 $J_1$ 滤波系数求解，其数值计算结果如图 6.2 所示。从图中可以看出，1 阶 Hankel 变换的数值解与解析解吻合得非常好。

### 6.4.3 直流电测深正演计算

1. 水平地层地面点源场的边值问题

如图 6.3 所示，假定水平地面下有 $n$ 层水平层状地层，各层电阻率分别 $\rho_1$，$\rho_2$，$\cdots$，$\rho_n$，厚度分别为 $h_1$，$h_2$，$\cdots$，$h_n$，每层底面到地面的距离为 $H_1$，$H_2$，$\cdots$，$H_{n-1}$，$H_n = \infty$。在地面 $A$ 点有一点电流源，电流强度为 $I$。

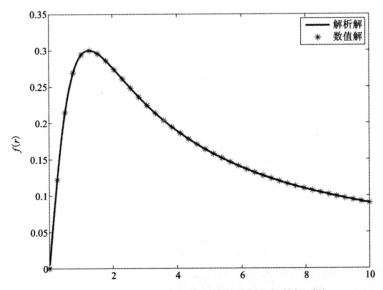

**图 6.2　1 阶 Hankel 变换算例的数值解与解析解对比**

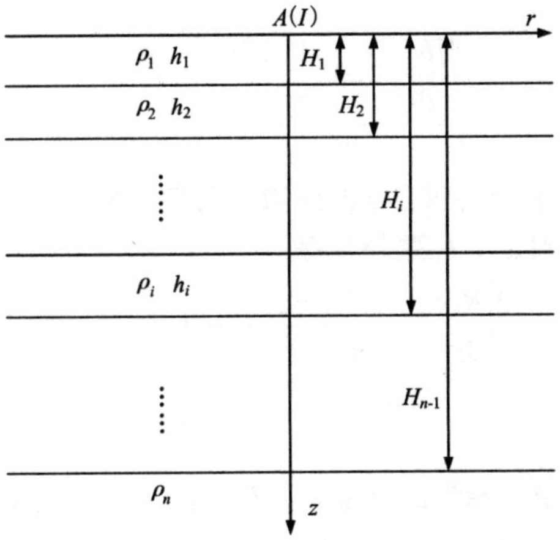

**图 6.3　水平层状介质模型**

将直角坐标系电位所满足的拉普拉斯方程转换到圆柱坐标系下，有：

$$\nabla^2 U = \frac{\partial^2 U}{\partial r^2} + \frac{1}{r}\frac{\partial U}{\partial r} + \frac{1}{r^2}\frac{\partial^2 U}{\partial \varphi^2} + \frac{\partial^2 U}{\partial z^2} = 0$$

由于该问题的解具有轴对称性，与 $\varphi$ 无关，将原点设在 $A$ 点，$z$ 轴垂直向下，故电位分布满足的拉普拉斯方程：

$$\frac{\partial^2 U}{\partial r^2} + \frac{1}{r}\frac{\partial U}{\partial r} + \frac{\partial^2 U}{\partial z^2} = 0 \tag{6.33}$$

以及相应的边界条件：

(1) 在点源附近,趋于地面点源的正常电位,即:

$$U\big|_{R=\sqrt{r^2+z^2}\to0}=\frac{I\rho_1}{2\pi R}\qquad(6.34)$$

(2) 在地面上,电流密度的法向分量为零,即:

$$\frac{1}{\rho_1}\frac{\partial U}{\partial z}\big|_{z=0}=0\qquad(6.35)$$

(3) 无穷远处电位为零,即:

$$U\big|_{R=\sqrt{r^2+z^2}\to\infty}=0\qquad(6.36)$$

(4) 在岩层分界面上电位连续,即:

$$U_i\big|_{z=H_i}=U_{i+1}\big|_{z=H_i}\qquad(6.37)$$

(5) 在岩层分界面上,电流密度的法向分量连续,即:

$$\frac{1}{\rho_i}\frac{\partial U_i}{\partial z}\big|_{z=H_i}=\frac{1}{\rho_{i+1}}\frac{\partial U_{i+1}}{\partial z}\big|_{z=H_i}\qquad(6.38)$$

2. 水平地层对称四极测深的视电阻率表达式

利用分离变量法解式(6.33),令

$$U(r,z)=R(r)Z(z)\qquad(6.39)$$

式中,$R(r)$ 为仅含自变量 $r$ 的待定函数,$Z(z)$ 是仅含自变量 $z$ 的待定函数。将式(6.39)代入式(6.33),整理后得:

$$-\frac{\frac{d^2R(r)}{dr^2}+\frac{1}{r}\frac{dR(r)}{dr}}{R(r)}=\frac{\frac{d^2Z(z)}{dz^2}}{Z(z)}\qquad(6.40)$$

上式左边为仅含 $r$ 的函数,右边为仅含 $z$ 的函数。若要它们相等,只有都等于一个常数 $\lambda^2$ 才有可能。故由式(6.40)得到2个常微分方程:

$$\frac{d^2R(r)}{dr^2}+\frac{1}{r}\frac{dR(r)}{dr}+\lambda^2R(r)=0\qquad(6.41)$$

$$\frac{d^2Z(z)}{dz^2}-\lambda^2Z(z)=0\qquad(6.42)$$

式(6.41)的解为第一类和第二类零阶贝塞尔函数 $J_0(\lambda r)$ 和 $Y_0(\lambda r)$,第二类零阶贝塞尔函数 $Y_0(\lambda r)$ 在 $r=0$ 的 $z$ 轴上趋于无限大,这不符合点源场的特征,故应舍去。而式(6.42)的解为 $A'(\lambda)e^{-\lambda z}+B'(\lambda)e^{\lambda z}$,于是可得式(6.33)的通解:

$$U(r,z)=\int_0^{+\infty}[A'(\lambda)e^{-\lambda z}+B'(\lambda)e^{\lambda z}]J_0(\lambda r)d\lambda\qquad(6.43)$$

式中,$A'(\lambda)$ 和 $B'(\lambda)$ 为积分变量 $\lambda$ 的函数。

我们知道,在电阻率为 $\rho_1$ 的均匀大地表面点电源 $I$ 产生的电位为

$$U(r,z)=\frac{I\rho_1}{2\pi\sqrt{r^2+z^2}}\qquad(6.44)$$

根据韦伯-莱布尼兹积分:

$$\int_0^{+\infty}e^{-\lambda z}J_0(\lambda r)d\lambda=\frac{1}{\sqrt{r^2+z^2}}$$

则式(6.44)可写为

$$U(r, z) = \frac{I\rho_1}{2\pi} \int_0^\infty e^{-\lambda z} J_0(\lambda r) \, d\lambda \qquad (6.45)$$

将式(6.45)作为场源项引入拉普拉斯方程的通解(6.43)中,得

$$U(r, z) = \frac{I\rho_1}{2\pi} \int_0^{+\infty} e^{-\lambda z} J_0(\lambda r) \, d\lambda + \int_0^\infty \left[ A'(\lambda) e^{-\lambda z} + B'(\lambda) e^{\lambda z} \right] J_0(\lambda r) \, d\lambda$$

若令

$$A'(\lambda) = \frac{I\rho_1}{2\pi} A(\lambda), \ B'(\lambda) = \frac{I\rho_1}{2\pi} B(\lambda)$$

那么水平层状大地表面点源电位的通解可写为

$$U(r, z) = \frac{I\rho_1}{2\pi} \int_0^{+\infty} \left[ e^{-\lambda z} + A(\lambda) e^{-\lambda z} + B(\lambda) e^{\lambda z} \right] J_0(\lambda r) \, d\lambda \qquad (6.46)$$

该式对地下各层均成立,则对于第 $i$ 层的电位可写为

$$U_i(r, z) = \frac{I\rho_1}{2\pi} \int_0^{+\infty} \left[ e^{-\lambda z} + A_i(\lambda) e^{-\lambda z} + B_i(\lambda) e^{\lambda z} \right] J_0(\lambda r) \, d\lambda \qquad (6.47)$$

式中, $A_i(\lambda)$ 和 $B_i(\lambda)$ 为待定函数,可由边界条件确定。

由于对称四极测深只限于地表观测,根据边界条件(6.35),有:

$$\frac{\partial U_1}{\partial z}\bigg|_{z=0} = \left\{ \frac{I\rho_1 z}{2\pi (r^2 + z^2)^{3/2}} + \int_0^{+\infty} \left[ B_1(\lambda) e^{\lambda z} - A_1(\lambda) e^{-\lambda z} \right] J_0(\lambda r) \lambda \, d\lambda \right\} \bigg|_{z=0} = 0$$

要使上式成立,必须有 $A_1(\lambda) = B_1(\lambda)$ ,则第一层的电位公式可写为:

$$U_1(r, z) = \frac{I\rho_1}{2\pi} \int_0^{+\infty} \left[ e^{-\lambda z} + A_1(\lambda)(e^{\lambda z} + e^{-\lambda z}) \right] J_0(\lambda r) \, d\lambda \qquad (6.48)$$

在地面上($z = 0$),由式(6.48)可得地面上的电位表达式:

$$U_1(r, 0) = \frac{I\rho_1}{2\pi} \int_0^{+\infty} \left[ 1 + 2A_1(\lambda) \right] J_0(\lambda r) \, d\lambda \qquad (6.49)$$

将式(6.49)对 $r$ 求微分,得到电场强度:

$$E = -\frac{\partial U_1}{\partial r} = \frac{I\rho_1}{2\pi} \int_0^{+\infty} \left[ 1 + 2A_1(\lambda) \right] J_1(\lambda r) \lambda \, d\lambda$$

式中, $J_1(\lambda r)$ 为一阶贝塞尔函数,与地层参数无关。当 $MN \to 0$ 时,三极和对称四极装置的视电阻率表达式为:

$$\rho_s(r) = \rho_1 r^2 \int_0^{+\infty} \left[ 1 + 2A_1(\lambda) \right] J_1(\lambda r) \lambda \, d\lambda \qquad (6.50)$$

若令

$$T_1(\lambda) = \rho_1 \left[ 1 + 2A_1(\lambda) \right] \qquad (6.51)$$

则式(6.50)可整理为如下形式:

$$\rho_s(r) = r^2 \int_0^{+\infty} T_1(\lambda) J_1(\lambda r) \lambda \, d\lambda \qquad (6.52)$$

式中, $r$ 为供电极距 $AB/2$ , $\lambda$ 为积分系数。 $T_1(\lambda)$ 被定义为电阻率转换函数或核函数,且只与地层电阻率及地层厚度有关,与 $r$ 无关,因此它是表征地电断面性质的函数。

3. 电阻率转换函数的递推公式

在第 $i$ 层与第 $i+1$ 层的分界面上，应用边界条件(6.37)和(6.38)，有：

$$A_i(\lambda)e^{-\lambda H_i} + B_i(\lambda)e^{\lambda H_i} = A_{i+1}(\lambda)e^{-\lambda H_i} + B_{i+1}(\lambda)e^{\lambda H_i} \tag{6.53}$$

$$\frac{A_i(\lambda)e^{-\lambda H_i} - B_i(\lambda)e^{\lambda H_i}}{\rho_i} = \frac{A_{i+1}(\lambda)e^{-\lambda H_i} - B_{i+1}(\lambda)e^{\lambda H_i}}{\rho_{i+1}} \tag{6.54}$$

将式(6.53)两端同时除以式(6.54)两端，并令其等于 $T_{i+1}(\lambda)$，有：

$$\rho_i\frac{A_i(\lambda)e^{-\lambda H_i} + B_i(\lambda)e^{\lambda H_i}}{A_i(\lambda)e^{-\lambda H_i} - B_i(\lambda)e^{\lambda H_i}} = \rho_{i+1}\frac{A_{i+1}(\lambda)e^{-\lambda H_i} + B_{i+1}(\lambda)e^{\lambda H_i}}{A_{i+1}(\lambda)e^{-\lambda H_i} - B_{i+1}(\lambda)e^{\lambda H_i}} = T_{i+1}(\lambda) \tag{6.55}$$

同理，在第 $i$ 层与第 $i-1$ 层的分界面上，应用边界条件(6.37)和(6.38)，有：

$$A_{i-1}(\lambda)e^{-\lambda H_{i-1}} + B_{i-1}(\lambda)e^{\lambda H_{i-1}} = A_i(\lambda)e^{-\lambda H_{i-1}} + B_i(\lambda)e^{\lambda H_{i-1}} \tag{6.56}$$

$$\frac{A_{i-1}(\lambda)e^{-\lambda H_{i-1}} - B_{i-1}(\lambda)e^{\lambda H_{i-1}}}{\rho_{i-1}} = \frac{A_i(\lambda)e^{-\lambda H_{i-1}} - B_i(\lambda)e^{\lambda H_{i-1}}}{\rho_i} \tag{6.57}$$

将式(6.56)两端同时除以式(6.57)两端，并令其等于 $T_i(\lambda)$，有：

$$\rho_{i-1}\frac{A_{i-1}(\lambda)e^{-\lambda H_{i-1}} + B_{i-1}(\lambda)e^{\lambda H_{i-1}}}{A_{i-1}(\lambda)e^{-\lambda H_{i-1}} - B_{i-1}(\lambda)e^{\lambda H_{i-1}}} = \rho_i\frac{A_i(\lambda)e^{-\lambda H_{i-1}} + B_i(\lambda)e^{\lambda H_{i-1}}}{A_i(\lambda)e^{-\lambda H_{i-1}} - B_i(\lambda)e^{\lambda H_{i-1}}} = T_i(\lambda) \tag{6.58}$$

将式(6.55)和式(6.58)联立，消去 $A_i$ 和 $B_i$，即可得到电阻率转换函数 $T_i(\lambda)$ 和 $T_{i+1}(\lambda)$ 之间的关系式：

$$T_i(\lambda) = \rho_i\frac{1 + \dfrac{T_{i+1}(\lambda) - \rho_i}{T_{i+1}(\lambda) + \rho_i}e^{-2\lambda h_i}}{1 - \dfrac{T_{i+1}(\lambda) - \rho_i}{T_{i+1}(\lambda) + \rho_i}e^{-2\lambda h_i}} \tag{6.59}$$

对于第 $n$ 层的转换函数 $T_n(\lambda)$，当去掉第 $n$ 层以上各层时，地下便为均匀半无限空间，根据边界条件(6.36)，式(6.47)中的 $B_i(\lambda)$ 必为零，则由式(6.58)，有：

$$T_n(\lambda) = \rho_n \tag{6.60}$$

因此，可根据式(6.59)和式(6.60)由下向上递推，即可得到地面的电阻率转换函数 $T_1(\lambda)$。

下面，我们给出电阻率转换函数的 Matlab 计算程序，其函数文件 Transfer_Fun.m 代码如下：

```
function T = Transfer_Fun(m)
global rho
global h
N = size(rho, 2);
T = rho(N);
for i = N - 1: - 1: 1
  A = 1 - exp(- 2 * m * h(i));
  B = 1 + exp(- 2 * m * h(i));
  T = rho(i) * (rho(i) * A + T * B)/(rho(i) * B + T * A);
end
T = T * m;
```

**4. 基于快速汉克尔变换的正演算法**

若令 $\lambda = e^{-u}$, $r = e^{v}$, $u, v \in (-\infty, +\infty)$, 代入式(6.52), 有:

$$\rho_s(e^v) = r^2 \int_{-\infty}^{+\infty} T_1(e^{-u}) e^{-u} J_1(e^{v-u}) e^{-u} du$$

$$= r \int_{-\infty}^{+\infty} \left[ T_1(e^{-u}) e^{-u} \right] \left[ J_1(e^{v-u}) e^{v-u} \right] du \tag{6.61}$$

设函数 $G(v) = \rho_s(e^v)$, $F(u) = T_1(e^{-u}) e^{-u}$, $H(v-u) = J_1(e^{v-u}) e^{v-u}$, 那么式(6.61)可写成连续函数的褶积形式:

$$G(v) = r \int_{-\infty}^{+\infty} F(u) H(v-u) du \tag{6.62}$$

根据采样定理, 可将式(6.62)转换成离散序列的褶积形式:

$$G(i\Delta) = r \sum_{k=-\infty}^{\infty} F(k\Delta) H[(i-k)\Delta] \tag{6.63}$$

式中, $\Delta$ 为采样步长, 满足采样定理, $i$, $k$ 为采样的序列号。式(6.52)可以近似写成核函数与权函数乘积的形式:

$$\rho_s(r_i) = r_i \sum_{k=1}^{n} T_1(\lambda_k) \cdot \lambda_k \cdot W_k \tag{6.64}$$

式中, $r_i$ 为供电极距序列。根据 Guptasarma 和 Singh(1997), $\lambda_k = 10^{[a+(k-1)s]}/r_i$ 为采样点位置, 采样序号 $k = 1, 2, \cdots, n$, $n = 140$ 为采样点总数; 偏移量 $a = -7.91001919000$, 采样间隔 $s = 8.79671439570 \times 10^{-2}$; 权函数 $W_k$ 为快速 Hankel 变换的滤波系数, 与 $\lambda_k$ 对应, 具体可参考附录 E。

接下来, 我们给出一维直流电测深正演的 Matlab 程序, 其主函数文件 DC1D_Forward.m 代码如下:

```
function [ps, r] = DC1D_Forward(rho1, h1)
global rho;
global h;
rho = rho1;
h   = h1;
r = logspace(1, 3, 40);
for i = 1: size(r, 2)
  z(i) = hankel1_47('Transfer_Fun', r(i));
  ps(i) = r(i) * r(i) * z(i);
end
```

**例 6.5**　直流电测深正演示例: 假设层状介质的模型参数为 $\rho_1 = 50\ \Omega \cdot m$, $\rho_2 = 5\ \Omega \cdot m$, $\rho_3 = 500\ \Omega \cdot m$, $\rho_4 = 2000\ \Omega \cdot m$, $h_1 = 5\ m$, $h_2 = 10\ m$ 和 $h_3 = 20\ m$。

**解**　采用 Guptasarma 和 Singh(1997)数值计算 Hankel 变换提供的47点 $J_1$ 滤波系数, 模拟结果如图6.4所示。对于任意极距序列 $AB/2$ 和任意层状模型的直流电测深曲线, 采用快速汉克尔变换滤波系数, 均能得到较好的模拟结果。

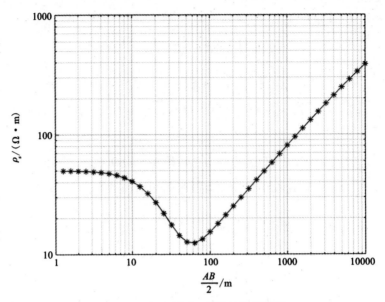

图 6.4   直流电测深曲线的模拟结果

# 习　题

1. 求证：

$(1) \mathcal{H}_0\left[(a^2 - r^2)H(a - r)\right] = \dfrac{4a}{\rho^3}J_1(a\rho) - \dfrac{2a^2}{\rho^2}J_0(a\rho)$；

$(2) \mathcal{H}_n\left[\dfrac{2n}{r}f(r)\right] = \rho\mathcal{H}_{n-1}[f(r)] + \rho\mathcal{H}_{n+1}[f(r)]$；

$(3) \mathcal{H}_n\left(\dfrac{1}{r}e^{-ar}\right) = \dfrac{1}{\sqrt{\rho^2 + a^2}}\left(\dfrac{\rho}{a + \sqrt{\rho^2 + a^2}}\right)^n$。

2. 求函数 $f(r) = \begin{cases} 1, & 0 < r < a \\ 0, & r > a \end{cases}$ 的 0 阶 Hankel 变换。

3. 求函数 $f(r) = \dfrac{1}{r}e^{-iar}$ 的 0 阶 Hankel 变换。

4. 求函数 $f(r) = \begin{cases} r^n, & 0 < r < a \\ 0, & r > a \end{cases}$ 的 $n$ 阶 Hankel 变换。

5. 求函数 $f(r) = r^n e^{-ar^2}$ 的 $n$ 阶 Hankel 变换。

6. 求 $\left(\dfrac{d^2}{dr^2} + \dfrac{1}{r}\dfrac{d}{dr}\right)\left(\dfrac{e^{-ar}}{r}\right)$ 的 0 阶 Hankel 变换。

7. 求函数 $f(r) = \dfrac{1}{r^2}e^{-r}$ 的 1 阶 Hankel 变换。

8. 求函数 $F(\rho) = \dfrac{1}{\rho} e^{-a\rho}$ 的 1 阶 Hankel 逆变换。

9. 采用 Hankel 变换法求解下列边值问题：

$$\begin{cases} \dfrac{\partial^2 u}{\partial r^2} + \dfrac{1}{r} \dfrac{\partial u}{\partial r} + \dfrac{\partial^2 u}{\partial z^2} = -\dfrac{1}{(r^2 + 1)^{\frac{3}{2}}}, & 0 < r < +\infty,\ z > 0 \\ \lim\limits_{z \to +\infty} u(r,\ z) = 0 \\ u(r,\ 0) = 0, & 0 < r < +\infty \end{cases}$$

10. 采用 Hankel 变换法求解下列热传导问题：

$$\begin{cases} \dfrac{\partial u}{\partial t} = a^2 \left( \dfrac{\partial^2 u}{\partial r^2} + \dfrac{1}{r} \dfrac{\partial u}{\partial r} \right), & 0 < r < +\infty,\ t > 0 \\ \lim\limits_{r \to +\infty} u(r,\ t) = 0 \\ u(r,\ 0) = f(r), & 0 < r < +\infty \end{cases}$$

# 参考文献

［1］熊辉. 工程积分变换及其应用［M］. 北京：中国人民大学出版社，2011.

［2］黄大奎，陶德元. 复变函数与常用变换［M］. 北京：高等教育出版社，2013.

［3］汪宏远，孙立伟. 积分变换［M］. 北京：清华大学出版社，2017.

［4］李红，谢松法. 复变函数与积分变换［M］. 北京：高等教育出版社，2018.

［5］张元. 工程数学——积分变换［M］. 北京：高等教育出版社，2019.

［6］童孝忠. 数学物理方程与特殊函数(地球物理类)［M］. 长沙：中南大学出版社，2017.

［7］童孝忠，柳建新. MATLAB 程序设计及在地球物理中的应用［M］. 长沙：中南大学出版社，2013.

［8］刘海飞，柳建新. 直流激电反演成像理论与方法应用［M］. 长沙：中南大学出版社，2018.

［9］蔡盛. 快速汉克尔变换及其在正演计算中的应用［J］. 地球物理学进展，2014，29(3)：1384-1390.

［10］Anderson W L. A hybrid fast Hankel algorithm for electromagnetic modeling［J］. Geophysics, 54(2)：263-266.

［11］Guptasarma D, Singh B. New digital linear filters for Hankel J0 and J1 transforms［J］. Geophysical Prospecting, 1997, 45(5)：745-762.

［12］Key K. Is the fast Hankel transform faster than quadrature? ［J］. Geophysics, 2012, 77(3)：21-30.

［13］Jang H, KimH J. A comparative study of Hankel transform filters for marine controlled-source electromagnetic surveys［J］. Geosystem Engineering, 2016, 19(6)：284-293.

［14］Andrews L, Shivamoggi B. Integral transforms for Engineers［M］. Washington：SPIE Optical Engineering Press, 1999.

［15］Palamides A, Veloni A. Signals and systems laboratory with MATLAB［M］. New York：CRC Press, 2011.

［16］Debnath L, Bhatta D. Integral transforms and their applications［M］. New York：CRC Press, 2015.

［17］Duffy D G. Advanced engineering mathematics with MATLAB［M］. New York：CRC Press, 2017.

［18］Patra B. An introduction to integral transforms［M］. New York：CRC Press, 2018.

# 附　录

## 附录 A　Fourier 变换简表

附表 A-1　Fourier 变换表

| | $f(t)$ | $F(\omega)$ |
|---|---|---|
| 1 | $\cos(at)$ | $\pi[\delta(\omega-a)+\delta(\omega+a)]$ |
| 2 | $\sin(at)$ | $i\pi[\delta(\omega+a)-\delta(\omega-a)]$ |
| 3 | $H(t)$ | $\dfrac{1}{i\omega}+\pi\delta(\omega)$ |
| 4 | $H(t-c)$ | $\dfrac{1}{i\omega}e^{-i\omega c}+\pi\delta(\omega)$ |
| 5 | $H(t)\cdot t$ | $-\dfrac{1}{\omega^2}+\pi i\delta'(\omega)$ |
| 6 | $H(t)\cdot t^n$ | $\dfrac{n!}{(i\omega)^{n+1}}+\pi i^n\delta^{(n)}(\omega)$ |
| 7 | $H(t)\sin(at)$ | $\dfrac{a}{a^2-\omega^2}+\dfrac{\pi}{2i}[\delta(\omega-a)-\delta(\omega+a)]$ |
| 8 | $H(t)\cos(at)$ | $\dfrac{i\omega}{a^2-\omega^2}+\dfrac{\pi}{2}[\delta(\omega-a)+\delta(\omega+a)]$ |
| 9 | $H(t)e^{-\beta t},\ \beta>0$ | $\dfrac{1}{\beta+i\omega}$ |
| 10 | $H(t)e^{iat}$ | $\dfrac{1}{i(\omega-a)}+\pi\delta(\omega-a)$ |
| 11 | $H(t-c)e^{iat}$ | $\dfrac{1}{i(\omega-a)}e^{-i(\omega-a)c}+\pi\delta(\omega-a)$ |
| 12 | $H(t-c)e^{iat}t^n$ | $\dfrac{n!}{[i(\omega-a)]^{n+1}}+\pi i^n\delta^{(n)}(\omega-a)$ |
| 13 | $e^{|a|},\ \mathrm{Re}(a)<0$ | $\dfrac{-2a}{\omega^2+a^2}$ |
| 14 | $\delta(t)$ | $1$ |
| 15 | $\delta(t-c)$ | $e^{-i\omega c}$ |

续表

| | $f(t)$ | $F(\omega)$ |
|---|---|---|
| 16 | $\delta'(t)$ | $i\omega$ |
| 17 | $\delta^{(n)}(t)$ | $(i\omega)^n$ |
| 18 | $\delta^{(n)}(t-c)$ | $(i\omega)^n e^{-i\omega c}$ |
| 19 | $1$ | $2\pi\delta(\omega)$ |
| 20 | $t$ | $2\pi i\delta'(\omega)$ |
| 21 | $t^n$ | $2\pi i^n\delta^{(n)}(\omega)$ |
| 22 | $e^{iat}$ | $2\pi\delta(\omega-a)$ |
| 23 | $t^n e^{iat}$ | $2\pi i^n\delta^{(n)}(\omega-a)$ |
| 24 | $\dfrac{1}{a^2+t^2}$, $\mathrm{Re}(a)<0$ | $-\dfrac{\pi}{a}e^{a|\omega|}$ |
| 25 | $\dfrac{t}{(a^2+t^2)^2}$, $\mathrm{Re}(a)<0$ | $\dfrac{i\omega\pi}{2a}e^{a|\omega|}$ |
| 26 | $\dfrac{e^{ibt}}{a^2+t^2}$, $\mathrm{Re}(a)<0$, $b$ 为实数 | $-\dfrac{\pi}{a}e^{a|\omega-b|}$ |
| 27 | $\dfrac{\cos(bt)}{a^2+t^2}$, $\mathrm{Re}(a)<0$, $b$ 为实数 | $-\dfrac{\pi}{2a}[e^{a|\omega-b|}+e^{a|\omega+b|}]$ |
| 28 | $\dfrac{\sin(bt)}{a^2+t^2}$, $\mathrm{Re}(a)<0$, $b$ 为实数 | $-\dfrac{\pi}{2ai}[e^{a|\omega-b|}-e^{a|\omega+b|}]$ |
| 29 | $\dfrac{\sinh(at)}{\sinh(\pi t)}$, $-\pi<a<\pi$ | $\dfrac{\sin a}{\cosh\omega+\cos a}$ |
| 30 | $\dfrac{\sinh(at)}{\cosh(\pi t)}$, $-\pi<a<\pi$ | $-2i\dfrac{\sin\dfrac{a}{2}\sinh\left(\dfrac{\omega}{2}\right)}{\cosh\omega+\cos a}$ |
| 31 | $\dfrac{\cosh(at)}{\cosh(\pi t)}$, $-\pi<a<\pi$ | $\dfrac{\cos\dfrac{a}{2}\cosh\left(\dfrac{\omega}{2}\right)}{\cosh\omega+\cos a}$ |
| 32 | $\dfrac{1}{\cosh(at)}$ | $\dfrac{\pi}{a}\dfrac{1}{\cosh\dfrac{\pi\omega}{2a}}$ |
| 33 | $\sin(at^2)$, $a>0$ | $\sqrt{\dfrac{\pi}{a}}\cos\left(\dfrac{\omega^2}{4a}+\dfrac{\pi}{4}\right)$ |
| 34 | $\cos(at^2)$, $a>0$ | $\sqrt{\dfrac{\pi}{a}}\cos\left(\dfrac{\omega^2}{4a}-\dfrac{\pi}{4}\right)$ |
| 35 | $\dfrac{\sin(at)}{t}$, $a>0$ | $\begin{cases}\pi, & |\omega|\leqslant a \\ 0, & |\omega|>a\end{cases}$ |

续表

| | $f(t)$ | $F(\omega)$ |
|---|---|---|
| 36 | $\dfrac{\sin^2(at)}{t^2}$, $a>0$ | $\begin{cases} \pi\left(a-\dfrac{|\omega|}{2}\right), & |\omega|\leqslant 2a \\ 0, & |\omega|>2a \end{cases}$ |
| 37 | $\dfrac{\sin(at)}{\sqrt{|t|}}$ | $\mathrm{i}\sqrt{\dfrac{\pi}{2}}\left(\dfrac{1}{\sqrt{|\omega+a|}}-\dfrac{1}{\sqrt{|\omega-a|}}\right)$ |
| 38 | $\dfrac{\cos(at)}{\sqrt{|t|}}$ | $\sqrt{\dfrac{\pi}{2}}\left(\dfrac{1}{\sqrt{|\omega+a|}}+\dfrac{1}{\sqrt{|\omega-a|}}\right)$ |
| 39 | $\dfrac{1}{\sqrt{|t|}}$ | $\sqrt{\dfrac{2\pi}{\omega}}$ |
| 40 | $|t|$ | $-\dfrac{2}{\omega^2}$ |
| 41 | $\dfrac{1}{|t|}$ | $\dfrac{\sqrt{2\pi}}{|\omega|}$ |
| 42 | $\mathrm{sgn}\,t$ | $\dfrac{2}{\mathrm{i}\omega}$ |

附表 A-2　Fourier 正弦变换表

| | $f(t)$ | $F_S(\omega)$ |
|---|---|---|
| 1 | $\dfrac{1}{t}$ | $\dfrac{\pi}{2}\mathrm{sgn}(\omega)$ |
| 2 | $\dfrac{1}{\sqrt{t}}$ | $\sqrt{\dfrac{\pi}{2\omega}}$ |
| 3 | $\dfrac{t}{t^2+a^2}$, $a>0$ | $\dfrac{\pi}{2}\mathrm{e}^{-a\omega}$ |
| 4 | $\dfrac{t}{t(t^2+a^2)}$, $a>0$ | $\dfrac{1}{2}\dfrac{\omega}{a}\mathrm{e}^{-a\omega}$ |
| 5 | $\dfrac{1}{t(t^2+a^2)}$, $a>0$ | $\dfrac{\pi}{2}\dfrac{1}{a^2}(1-\mathrm{e}^{-a\omega})$ |
| 6 | $\mathrm{e}^{-at}$, $a>0$ | $\dfrac{\omega}{\omega^2+a^2}$ |
| 7 | $t\mathrm{e}^{-at}$, $a>0$ | $\dfrac{2a\omega}{(\omega^2+a^2)^2}$ |
| 8 | $t\mathrm{e}^{-a^2t^2}$, $a>0$ | $\dfrac{\sqrt{\pi}\,\omega}{4a^3}\mathrm{e}^{\frac{\omega^2}{4a^2}}$ |
| 9 | $\dfrac{1}{t}\mathrm{e}^{-at}$ | $\arctan\left(\dfrac{\omega}{a}\right)$ |
| 10 | $\mathrm{e}^{-at}\cos(at)$, $a>0$ | $\dfrac{\omega^3}{\omega^4+4a^4}$ |

**续表**

| | $f(t)$ | $F_S(\omega)$ |
|---|---|---|
| 11 | $e^{-at}\sin(at)$, $a>0$ | $\dfrac{2a^2\omega}{\omega^4+4a^4}$ |
| 12 | $H(a-t)$, $a>0$ | $\dfrac{1}{\omega}(1-\cos a\omega)$ |
| 13 | $J_0(a\sqrt{x})$, $a>0$ | $\dfrac{1}{\omega}\cos\left(\dfrac{a^2}{4\omega}\right)$ |
| 14 | $\mathrm{erfc}(ax)$ | $\dfrac{1}{\omega}(1-e^{\frac{\omega^2}{4a^2}})$ |

**附表 A-3  Fourier 余弦变换表**

| | $f(t)$ | $F_C(\omega)$ |
|---|---|---|
| 1 | $1$ | $\pi\delta(\omega)$ |
| 2 | $\dfrac{1}{\sqrt{t}}$ | $\sqrt{\dfrac{\pi}{2\omega}}$ |
| 3 | $\dfrac{1}{t^2+a^2}$, $a>0$ | $\dfrac{e^{-a\omega}}{a}$ |
| 4 | $e^{-at}$, $a>0$ | $\dfrac{\omega}{\omega^2+a^2}$ |
| 5 | $te^{-at}$, $a>0$ | $\dfrac{a^2-\omega^2}{(\omega^2+a^2)^2}$ |
| 6 | $e^{-a^2t^2}$, $a>0$ | $\dfrac{\sqrt{\pi}}{2a}e^{\frac{\omega^2}{4a^2}}$ |
| 7 | $e^{-at}\cos(at)$, $a>0$ | $\dfrac{a\omega^2+2a^3}{\omega^4+4a^4}$ |
| 8 | $e^{-at}\sin(at)$, $a>0$ | $\dfrac{2a^3-a\omega^2}{\omega^4+4a^4}$ |
| 9 | $\dfrac{1-x^2}{(1+x^2)^2}$ | $\dfrac{\pi}{2}\omega e^{-\omega}$ |
| 10 | $H(a-t)$, $a>0$ | $\dfrac{\sin(a\omega)}{\omega}$ |
| 11 | $\cos(at^2)$, $a>0$ | $\dfrac{\sqrt{\pi}}{2\sqrt{2a}}\left[\cos\left(\dfrac{\omega^2}{4a}\right)+\sin\left(\dfrac{\omega^2}{4a}\right)\right]$ |
| 12 | $\sin(at^2)$, $a>0$ | $\dfrac{\sqrt{\pi}}{2\sqrt{2a}}\left[\cos\left(\dfrac{\omega^2}{4a}\right)-\sin\left(\dfrac{\omega^2}{4a}\right)\right]$ |

# 附录 B Laplace 变换表

| | $f(t)$ | $F(s)$ |
|---|---|---|
| 1 | $1$ | $\dfrac{1}{s}$ |
| 2 | $e^{-at}$ | $\dfrac{1}{s+a}$ |
| 3 | $\cos(at)$ | $\dfrac{s}{s^2+a^2}$ |
| 4 | $\sin(at)$ | $\dfrac{a}{s^2+a^2}$ |
| 5 | $\cosh(at)$ | $\dfrac{s}{s^2-a^2}$ |
| 6 | $\sinh(at)$ | $\dfrac{a}{s^2-a^2}$ |
| 7 | $e^{-bt}\cos(at)$ | $\dfrac{s+b}{(s+b)^2+a^2}$ |
| 8 | $e^{-bt}\sin(at)$ | $\dfrac{a}{(s+b)^2+a^2}$ |
| 9 | $t\cos(at)$ | $\dfrac{s^2-a^2}{(s^2+a^2)^2}$ |
| 10 | $t\sin(at)$ | $\dfrac{2as}{(s^2+a^2)^2}$ |
| 11 | $t\cosh(at)$ | $\dfrac{s^2+a^2}{(s^2+a^2)^2}$ |
| 12 | $t\sinh(at)$ | $\dfrac{2as}{(s^2-a^2)^2}$ |
| 13 | $\sqrt{t}$ | $\dfrac{\sqrt{\pi}}{2s\sqrt{s}}$ |
| 14 | $\dfrac{1}{\sqrt{t}}$ | $\sqrt{\dfrac{\pi}{s}}$ |
| 15 | $J_0(at)$ | $\dfrac{1}{\sqrt{s^2+a^2}}$ |
| 16 | $\delta(t-a)$ | $e^{-as},\ a\geq 0$ |
| 17 | $H(t-a)$ | $\dfrac{1}{s}e^{-as},\ a\geq 0$ |

**续表**

| | $f(t)$ | $F(s)$ |
|---|---|---|
| 17 | $\dfrac{1}{\sqrt{\pi t}}\mathrm{e}^{-\frac{a^2}{4t}}$ | $\dfrac{1}{\sqrt{s}}\mathrm{e}^{-a\sqrt{s}}$ |
| 15 | $\dfrac{a}{2\sqrt{\pi t^3}}\mathrm{e}^{-\frac{a^2}{4t}}$ | $\mathrm{e}^{-a\sqrt{s}}$ |
| 16 | $\mathrm{erf}(t)$ | $\mathrm{e}^{\frac{s^2}{4}}\mathrm{erf}c\left(\dfrac{s}{2}\right)$ |
| 17 | $\mathrm{erf}c\left(\dfrac{a}{2\sqrt{t}}\right)$ | $\dfrac{1}{s}\mathrm{e}^{-a\sqrt{s}}$ |
| 18 | $t^n,\ n\geqslant 0$ | $\dfrac{n!}{s^{n+1}}$ |
| 19 | $\sin^2 t$ | $\dfrac{1}{2}\left(\dfrac{1}{s}-\dfrac{s}{s^2++4}\right)$ |
| 20 | $\cos^2 t$ | $\dfrac{1}{2}\left(\dfrac{1}{s}+\dfrac{s}{s^2++4}\right)$ |
| 21 | $\sin(at)\sin(bt)$ | $\dfrac{2abs}{\left[s^2+(a+b)^2\right]\left[s^2+(a-b)^2\right]}$ |
| 22 | $\mathrm{e}^{-at}-\mathrm{e}^{-bt}$ | $\dfrac{b-a}{(s+a)(s+b)}$ |
| 23 | $\dfrac{1}{a}\sin(at)-\dfrac{1}{b}\sin(bt)$ | $\dfrac{b^2-a^2}{(s^2+a^2)(s^2+b^2)}$ |
| 24 | $\cos(at)-\cos(bt)$ | $\dfrac{(b^2-a^2)s}{(s^2+a^2)(s^2+b^2)}$ |
| 25 | $\dfrac{1-\cos(at)}{a^2}$ | $\dfrac{1}{s(s^2+a^2)}$ |
| 26 | $\dfrac{at-\sin(at)}{a^3}$ | $\dfrac{1}{s^2(s^2+a^2)}$ |
| 27 | $\dfrac{\cos(at)-1}{a^4}+\dfrac{t^2}{2a^2}$ | $\dfrac{1}{s^3(s^2+a^2)}$ |
| 28 | $\dfrac{\cos(at)-1}{a^4}-\dfrac{t^2}{2a^2}$ | $\dfrac{1}{s^3(s^2-a^2)}$ |
| 29 | $\dfrac{\sin(at)-at\cos(at)}{2a^3}$ | $\dfrac{1}{(s^2+a^2)^2}$ |
| 30 | $\dfrac{\sin(at)+at\cos(at)}{2a}$ | $\dfrac{s^2}{(s^2+a^2)^2}$ |

**续表**

| | $f(t)$ | $F(s)$ |
|---|---|---|
| 31 | $\dfrac{1-\cos(at)}{a^4}-\dfrac{1}{2a^3}t\sin(at)$ | $\dfrac{1}{s(s^2+a^2)^2}$ |
| 32 | $(1-at)\mathrm{e}^{-at}$ | $\dfrac{s}{(s+a)^2}$ |
| 33 | $t\left(1-\dfrac{at}{2}\right)\mathrm{e}^{-at}$ | $\dfrac{s}{(s+a)^3}$ |
| 34 | $\dfrac{1-\mathrm{e}^{-at}}{a}$ | $\dfrac{1}{s(s+a)}$ |
| 35 | $\dfrac{1}{ab}+\dfrac{1}{b-a}\left(\dfrac{\mathrm{e}^{-bt}}{b}-\dfrac{\mathrm{e}^{-at}}{a}\right)$ | $\dfrac{1}{s(s+a)(s+b)}$ |
| 36 | $\dfrac{\mathrm{e}^{-at}}{(b-a)(c-a)}+\dfrac{\mathrm{e}^{-bt}}{(a-b)(c-b)}+\dfrac{\mathrm{e}^{-ct}}{(a-c)(b-c)}$ | $\dfrac{1}{(s+a)(s+b)(s+c)}$ |
| 37 | $\dfrac{a\mathrm{e}^{-at}}{(c-a)(a-b)}+\dfrac{b\mathrm{e}^{-bt}}{(a-b)(b-c)}+\dfrac{c\mathrm{e}^{-ct}}{(b-c)(c-a)}$ | $\dfrac{s}{(s+a)(s+b)(s+c)}$ |
| 38 | $\dfrac{a^2\mathrm{e}^{-at}}{(c-a)(b-a)}+\dfrac{b^2\mathrm{e}^{-bt}}{(a-b)(c-b)}+\dfrac{c^2\mathrm{e}^{-ct}}{(b-c)(a-c)}$ | $\dfrac{s^2}{(s+a)(s+b)(s+c)}$ |
| 39 | $\dfrac{\mathrm{e}^{-at}-\mathrm{e}^{-bt}[1-(a-b)t]}{(a-b)^2}$ | $\dfrac{1}{(s+a)(s+b)^2}$ |
| 40 | $\dfrac{[a-b(a-b)t]\mathrm{e}^{-bt}-a\mathrm{e}^{-at}}{(a-b)^2}$ | $\dfrac{s}{(s+a)(s+b)^2}$ |
| 41 | $\mathrm{e}^{-at}-\mathrm{e}^{\frac{at}{2}}\left[\cos\left(\dfrac{\sqrt{3}at}{2}\right)-\sqrt{3}\sin\left(\dfrac{\sqrt{3}at}{2}\right)\right]$ | $\dfrac{3a^2}{s^3+a^3}$ |
| 42 | $\sin(at)\cosh(at)-\cos(at)\sinh(at)$ | $\dfrac{4a^3}{s^4+4a^4}$ |
| 43 | $\dfrac{\sin(at)\sinh(at)}{2a^2}$ | $\dfrac{s}{s^4+4a^4}$ |
| 44 | $\dfrac{\sinh(at)-\sin(at)}{2a^3}$ | $\dfrac{1}{s^4-a^4}$ |
| 45 | $\dfrac{\cosh(at)-\cos(at)}{2a^2}$ | $\dfrac{s}{s^4-a^4}$ |

误差函数：$\mathrm{erf}(x)=\dfrac{2}{\sqrt{\pi}}\displaystyle\int_0^x\mathrm{e}^{-t^2}\mathrm{d}t$

余误差函数：$\mathrm{erfc}(x)=1-\mathrm{erf}(x)=\dfrac{2}{\sqrt{\pi}}\displaystyle\int_x^{+\infty}\mathrm{e}^{-t^2}\mathrm{d}t$

# 附录 C   Z 变换简表

| | $f(n)$ | $F(z)$ |
|---|---|---|
| 1 | $H(n)$ | $\dfrac{z}{z-1}$ |
| 2 | $n$ | $\dfrac{z}{(z-1)^2}$ |
| 3 | $n^2$ | $\dfrac{z(z+1)}{(z-1)^3}$ |
| 4 | $a^n$ | $\dfrac{z}{z-a}$ |
| 5 | $na^n$ | $\dfrac{az}{(z-a)^2}$ |
| 6 | $\dfrac{1}{n!}$ | $e^{\frac{1}{z}}$ |
| 7 | $\cos nx$ | $\dfrac{z(z-\cos x)}{z^2-2z\cos x+1}$ |
| 8 | $\sin nx$ | $\dfrac{z\sin x}{z^2-2z\cos x+1}$ |
| 9 | $\cosh nx$ | $\dfrac{z(z-\cosh x)}{z^2-2z\cosh x+1}$ |
| 10 | $\sinh nx$ | $\dfrac{z\sinh x}{z^2-2z\cosh x+1}$ |
| 11 | $H(n-1)$ | $\dfrac{1}{z-1}$ |
| 12 | $H(n)-H(n-1)$ | $1$ |
| 13 | $e^{-nx}\sin(an)$ | $\dfrac{ze^{-x}\sin a}{z^2-2ze^{-x}\cos a+e^{-2x}}$ |
| 14 | $e^{-nx}\cos(an)$ | $\dfrac{z(z-e^{-x}\cos a)}{z^2-2ze^{-x}\cos a+e^{-2x}}$ |

## 附录 D　Hankel 变换简表

| | $f(r)$ | 阶 | $F(\rho)$ |
|---|---|---|---|
| 1 | $H(a-r)$ | 0 | $\dfrac{a}{\rho}J_1(a\rho)$ |
| 2 | $\dfrac{1}{r}$ | 0 | $\dfrac{1}{\rho}$ |
| 3 | $\mathrm{e}^{-ar}$ | 0 | $\dfrac{a}{(a^2+\rho^2)^{\frac{3}{2}}}$ |
| 4 | $\mathrm{e}^{-a^2r^2}$ | 0 | $\dfrac{1}{2a^2}\mathrm{e}^{-\frac{\rho^2}{4a^2}}$ |
| 5 | $\dfrac{1}{r}\mathrm{e}^{-ar}$ | 0 | $\dfrac{1}{\sqrt{a^2+\rho^2}}$ |
| 6 | $\dfrac{1}{r}\cos(ar)$ | 0 | $\dfrac{1}{\sqrt{\rho^2-a^2}}H(\rho-a)$ |
| 7 | $\dfrac{1}{r}\sin(ar)$ | 0 | $\dfrac{1}{\sqrt{a^2-\rho^2}}H(a-\rho)$ |
| 8 | $\dfrac{1}{r}\delta(r)$ | 0 | $1$ |
| 9 | $\mathrm{e}^{-ar}$ | 1 | $\dfrac{\rho}{(a^2+\rho^2)^{\frac{3}{2}}}$ |
| 10 | $\dfrac{1}{r}\sin(ar)$ | 1 | $\dfrac{aH(\rho-a)}{\rho\sqrt{\rho^2-a^2}}$ |
| 11 | $\dfrac{1}{r}\mathrm{e}^{-ar}$ | 1 | $\dfrac{1}{\rho}\left(1-\dfrac{a}{\sqrt{a^2+\rho^2}}\right)$ |
| 12 | $\dfrac{1}{r^2}\mathrm{e}^{-ar}$ | 1 | $\dfrac{1}{\rho}(\sqrt{a^2+\rho^2}-a)$ |

## 附录 E    快速 Hankel 变换滤波系数表

附表 E-1    61 点的 $J_0$ 滤波系数

$a = -5.08250000000$    $s = 1.16638303862 \times 10^{-1}$

| | | | |
|---|---|---|---|
| $3.30220475766 \times 10^{-4}$ | $-1.18223623458 \times 10^{-3}$ | $2.01879495264 \times 10^{-3}$ | $-2.13218719891 \times 10^{-3}$ |
| $1.60839063172 \times 10^{-3}$ | $-9.09156346708 \times 10^{-4}$ | $4.37889252738 \times 10^{-4}$ | $-1.55298878782 \times 10^{-4}$ |
| $7.98411962729 \times 10^{-5}$ | $4.37268394072 \times 10^{-6}$ | $3.94253441247 \times 10^{-5}$ | $4.02675924344 \times 10^{-5}$ |
| $5.66053344653 \times 10^{-5}$ | $7.25774926389 \times 10^{-5}$ | $9.55412535465 \times 10^{-5}$ | $1.24699163157 \times 10^{-4}$ |
| $1.63262166579 \times 10^{-4}$ | $2.13477133718 \times 10^{-4}$ | $2.79304232173 \times 10^{-4}$ | $3.65312787897 \times 10^{-4}$ |
| $4.77899413107 \times 10^{-4}$ | $6.25100170825 \times 10^{-4}$ | $8.17726956451 \times 10^{-4}$ | $1.06961339341 \times 10^{-3}$ |
| $1.39920928148 \times 10^{-3}$ | $1.83020380399 \times 10^{-3}$ | $2.39417015791 \times 10^{-3}$ | $3.13158560774 \times 10^{-3}$ |
| $4.09654426763 \times 10^{-3}$ | $5.35807925630 \times 10^{-3}$ | $7.00889482693 \times 10^{-3}$ | $9.16637526490 \times 10^{-3}$ |
| $1.19891721272 \times 10^{-2}$ | $1.56755740646 \times 10^{-2}$ | $2.04953856060 \times 10^{-2}$ | $2.67778388247 \times 10^{-2}$ |
| $3.49719672729 \times 10^{-2}$ | $4.55975312615 \times 10^{-2}$ | $5.93498881451 \times 10^{-2}$ | $7.69179091244 \times 10^{-2}$ |
| $9.91094769804 \times 10^{-2}$ | $1.26166963993 \times 10^{-1}$ | $1.57616825575 \times 10^{-1}$ | $1.89707800260 \times 10^{-1}$ |
| $2.13804195282 \times 10^{-1}$ | $2.08669340316 \times 10^{-1}$ | $1.40250562745 \times 10^{-1}$ | $-3.65385242807 \times 10^{-2}$ |
| $-2.98004010732 \times 10^{-1}$ | $-4.21898149249 \times 10^{-1}$ | $5.94373771266 \times 10^{-2}$ | $5.29621428353 \times 10^{-1}$ |
| $-4.41362405166 \times 10^{-1}$ | $1.90355040550 \times 10^{-1}$ | $-6.19966386785 \times 10^{-2}$ | $1.87255115744 \times 10^{-2}$ |
| $-5.68736766738 \times 10^{-3}$ | $1.68263510609 \times 10^{-3}$ | $-4.38587145792 \times 10^{-4}$ | $8.59117336292 \times 10^{-5}$ |
| $-9.15853765160 \times 10^{-6}$ | | | |

## 附表 E-2　120 点的 $J_0$ 滤波系数

$$a = -8.38850000000 \qquad s = 9.04226468670 \times 10^{-2}$$

| | | | |
|---|---|---|---|
| $9.62801364263 \times 10^{-7}$ | $-5.02069203805 \times 10^{-6}$ | $1.25268783953 \times 10^{-5}$ | $-1.99324417376 \times 10^{-5}$ |
| $2.29149033546 \times 10^{-5}$ | $-2.04737583809 \times 10^{-5}$ | $1.49952002937 \times 10^{-5}$ | $-9.37502840980 \times 10^{-6}$ |
| $5.20156955323 \times 10^{-6}$ | $-2.62939890538 \times 10^{-6}$ | $1.26550848081 \times 10^{-6}$ | $-5.73156151923 \times 10^{-7}$ |
| $2.76281274155 \times 10^{-7}$ | $-1.09963734387 \times 10^{-7}$ | $7.38038330280 \times 10^{-8}$ | $-9.31614600001 \times 10^{-9}$ |
| $3.87247135578 \times 10^{-8}$ | $2.10303178461 \times 10^{-8}$ | $4.10556513877 \times 10^{-8}$ | $4.13077946246 \times 10^{-8}$ |
| $5.68828741789 \times 10^{-8}$ | $6.59543638130 \times 10^{-8}$ | $8.40811858728 \times 10^{-8}$ | $1.01532550003 \times 10^{-7}$ |
| $1.26437360082 \times 10^{-7}$ | $1.54733678097 \times 10^{-7}$ | $1.91218582499 \times 10^{-7}$ | $2.35008851918 \times 10^{-7}$ |
| $2.89750329490 \times 10^{-7}$ | $3.56550504341 \times 10^{-7}$ | $4.39299297826 \times 10^{-7}$ | $5.40794544880 \times 10^{-7}$ |
| $6.66136379541 \times 10^{-7}$ | $8.20175040653 \times 10^{-7}$ | $1.01015545059 \times 10^{-6}$ | $1.24384500153 \times 10^{-6}$ |
| $1.53187399787 \times 10^{-6}$ | $1.88633707689 \times 10^{-6}$ | $2.32307100992 \times 10^{-6}$ | $2.86067883258 \times 10^{-6}$ |
| $3.52293208580 \times 10^{-6}$ | $4.33827546442 \times 10^{-6}$ | $5.34253613351 \times 10^{-6}$ | $6.57906223200 \times 10^{-6}$ |
| $8.10198829111 \times 10^{-6}$ | $9.97723263578 \times 10^{-6}$ | $1.22867312381 \times 10^{-5}$ | $1.51305855976 \times 10^{-5}$ |
| $1.86329431672 \times 10^{-5}$ | $2.29456891669 \times 10^{-5}$ | $2.82570465155 \times 10^{-5}$ | $3.47973610445 \times 10^{-5}$ |
| $4.28521099371 \times 10^{-5}$ | $5.27705217882 \times 10^{-5}$ | $6.49856943660 \times 10^{-5}$ | $8.00269662180 \times 10^{-5}$ |
| $9.85515408752 \times 10^{-5}$ | $1.21361571831 \times 10^{-4}$ | $1.49454562334 \times 10^{-4}$ | $1.84045784500 \times 10^{-4}$ |
| $2.26649641428 \times 10^{-4}$ | $2.79106748890 \times 10^{-4}$ | $3.43716968725 \times 10^{-4}$ | $4.23267056591 \times 10^{-4}$ |
| $5.21251001943 \times 10^{-4}$ | $6.41886194381 \times 10^{-4}$ | $7.90483105615 \times 10^{-4}$ | $9.73420647376 \times 10^{-4}$ |
| $1.19877439042 \times 10^{-3}$ | $1.47618560844 \times 10^{-3}$ | $1.81794224454 \times 10^{-3}$ | $2.23860214971 \times 10^{-3}$ |
| $2.75687537633 \times 10^{-3}$ | $3.39471308297 \times 10^{-3}$ | $4.18062141752 \times 10^{-3}$ | $5.14762977308 \times 10^{-3}$ |
| $6.33918155348 \times 10^{-3}$ | $7.80480111772 \times 10^{-3}$ | $9.61064602702 \times 10^{-3}$ | $1.18304971234 \times 10^{-2}$ |
| $1.45647517743 \times 10^{-2}$ | $1.79219149417 \times 10^{-2}$ | $2.20527911163 \times 10^{-2}$ | $2.71124775541 \times 10^{-2}$ |
| $3.33214363101 \times 10^{-2}$ | $4.08864842127 \times 10^{-2}$ | $5.01074356716 \times 10^{-2}$ | $6.12084049407 \times 10^{-2}$ |
| $7.45146949048 \times 10^{-2}$ | $9.00780900611 \times 10^{-2}$ | $1.07940155413 \times 10^{-1}$ | $1.27267746478 \times 10^{-1}$ |
| $1.46676027814 \times 10^{-1}$ | $1.62254276550 \times 10^{-1}$ | $1.68045766353 \times 10^{-1}$ | $1.52383204788 \times 10^{-1}$ |
| $1.01214136498 \times 10^{-1}$ | $-2.44389126667 \times 10^{-3}$ | $-1.54078468398 \times 10^{-1}$ | $-3.03214415655 \times 10^{-1}$ |
| $-2.97674373379 \times 10^{-1}$ | $7.93541259524 \times 10^{-3}$ | $4.26273267393 \times 10^{-1}$ | $1.00032384844 \times 10^{-1}$ |
| $-4.94117404043 \times 10^{-1}$ | $3.92604878741 \times 10^{-1}$ | $-1.90111691178 \times 10^{-1}$ | $7.43654896362 \times 10^{-2}$ |
| $-2.78508428343 \times 10^{-2}$ | $1.09992061155 \times 10^{-2}$ | $-4.69798719697 \times 10^{-3}$ | $2.12587632706 \times 10^{-3}$ |
| $-9.81986734159 \times 10^{-4}$ | $4.44992546836 \times 10^{-4}$ | $-1.89983519162 \times 10^{-4}$ | $7.31024164292 \times 10^{-5}$ |
| $-2.40057837293 \times 10^{-5}$ | $6.23096824846 \times 10^{-6}$ | $-1.12363896552 \times 10^{-6}$ | $1.04470606055 \times 10^{-7}$ |

附表 E-3　47 点的 $J_1$ 滤波系数

$$a = -3.05078187595 \qquad s = 1.10599010095 \times 10^{-1}$$

| | | | |
|---|---|---|---|
| $3.17926147465 \times 10^{-6}$ | $-9.73811660718 \times 10^{-6}$ | $1.64866227408 \times 10^{-5}$ | $-1.81501261160 \times 10^{-5}$ |
| $1.87556556369 \times 10^{-5}$ | $-1.46550406038 \times 10^{-5}$ | $1.53799733803 \times 10^{-5}$ | $-6.95628273934 \times 10^{-6}$ |
| $1.41881555665 \times 10^{-5}$ | $3.41445665537 \times 10^{-6}$ | $2.13941715512 \times 10^{-5}$ | $2.34962369042 \times 10^{-5}$ |
| $4.84340283290 \times 10^{-5}$ | $7.33732978590 \times 10^{-5}$ | $1.27703784430 \times 10^{-4}$ | $2.08120025730 \times 10^{-4}$ |
| $3.49803898913 \times 10^{-4}$ | $5.79107814687 \times 10^{-4}$ | $9.65887918451 \times 10^{-4}$ | $1.60401273703 \times 10^{-3}$ |
| $2.66903777685 \times 10^{-3}$ | $4.43111590040 \times 10^{-3}$ | $7.35631696247 \times 10^{-3}$ | $1.21782796293 \times 10^{-2}$ |
| $2.01097829218 \times 10^{-2}$ | $3.30096953061 \times 10^{-2}$ | $5.37143591532 \times 10^{-2}$ | $8.60516613299 \times 10^{-2}$ |
| $1.34267607144 \times 10^{-1}$ | $2.00125033067 \times 10^{-1}$ | $2.74027505792 \times 10^{-1}$ | $3.18168749246 \times 10^{-1}$ |
| $2.41655667461 \times 10^{-1}$ | $-5.40549161658 \times 10^{-2}$ | $-4.46912952135 \times 10^{-1}$ | $-1.92231885629 \times 10^{-1}$ |
| $5.52376753950 \times 10^{-1}$ | $-3.57429049025 \times 10^{-1}$ | $1.41510519002 \times 10^{-1}$ | $-4.61421935309 \times 10^{-2}$ |
| $1.48273761923 \times 10^{-2}$ | $-5.07479209193 \times 10^{-3}$ | $1.83829713749 \times 10^{-3}$ | $-6.67742804324 \times 10^{-4}$ |
| $2.21277518118 \times 10^{-4}$ | $-5.66248732755 \times 10^{-5}$ | $7.88229202853 \times 10^{-6}$ | |

### 附表 E-4　140 点的 $J_1$ 滤波系数

$$a = -7.910011919000 \qquad s = 8.79671439570 \times 10^{-2}$$

| | | | |
|---|---|---|---|
| $3.17926147465 \times 10^{-6}$ | $-9.73811660718 \times 10^{-6}$ | $1.64866227408 \times 10^{-5}$ | $-1.81501261160 \times 10^{-5}$ |
| $1.87556556369 \times 10^{-5}$ | $-1.46550406038 \times 10^{-5}$ | $1.53799733803 \times 10^{-5}$ | $-6.95628273934 \times 10^{-6}$ |
| $-6.76671159511 \times 10^{-14}$ | $3.39808396836 \times 10^{-13}$ | $-7.43411889153 \times 10^{-13}$ | $8.93613024469 \times 10^{-13}$ |
| $-5.47341591896 \times 10^{-13}$ | $-5.84920181906 \times 10^{-14}$ | $5.20780672883 \times 10^{-13}$ | $-6.92656254606 \times 10^{-13}$ |
| $6.88908045074 \times 10^{-13}$ | $-6.39910528298 \times 10^{-13}$ | $5.82098912530 \times 10^{-13}$ | $-4.84912700478 \times 10^{-13}$ |
| $3.54684337858 \times 10^{-13}$ | $-2.10855291368 \times 10^{-13}$ | $1.00452749275 \times 10^{-13}$ | $5.58449957721 \times 10^{-15}$ |
| $-5.67206735175 \times 10^{-14}$ | $1.09107856853 \times 10^{-13}$ | $-6.04067500756 \times 10^{-14}$ | $8.84512134731 \times 10^{-14}$ |
| $2.22321981827 \times 10^{-14}$ | $8.38072239207 \times 10^{-14}$ | $1.23647835900 \times 10^{-13}$ | $1.44351787234 \times 10^{-13}$ |
| $2.94276480713 \times 10^{-13}$ | $3.39965995918 \times 10^{-13}$ | $6.17024672340 \times 10^{-13}$ | $8.25310217692 \times 10^{-13}$ |
| $1.32560792613 \times 10^{-12}$ | $1.90949961267 \times 10^{-12}$ | $2.93458179767 \times 10^{-12}$ | $4.33454210095 \times 10^{-12}$ |
| $6.55863288798 \times 10^{-12}$ | $9.78324910827 \times 10^{-12}$ | $1.47126365223 \times 10^{-11}$ | $2.20240108708 \times 10^{-11}$ |
| $3.30577485691 \times 10^{-11}$ | $4.95377381480 \times 10^{-11}$ | $7.43047574433 \times 10^{-11}$ | $1.11400535181 \times 10^{-10}$ |
| $1.67052734516 \times 10^{-10}$ | $2.50470107577 \times 10^{-10}$ | $3.75597211630 \times 10^{-10}$ | $5.63165204681 \times 10^{-10}$ |
| $8.44458166896 \times 10^{-10}$ | $1.26621795331 \times 10^{-9}$ | $1.89866561359 \times 10^{-9}$ | $2.84693620927 \times 10^{-9}$ |
| $4.26886170263 \times 10^{-9}$ | $6.40104325574 \times 10^{-9}$ | $9.59798498616 \times 10^{-9}$ | $1.43918931885 \times 10^{-8}$ |
| $2.15798696769 \times 10^{-8}$ | $3.23584600810 \times 10^{-8}$ | $4.85195105813 \times 10^{-8}$ | $7.27538583183 \times 10^{-8}$ |
| $1.09090191748 \times 10^{-7}$ | $1.63577866557 \times 10^{-7}$ | $2.45275193920 \times 10^{-7}$ | $3.67784458730 \times 10^{-7}$ |
| $5.51470341585 \times 10^{-7}$ | $8.26916206192 \times 10^{-7}$ | $1.23991037294 \times 10^{-6}$ | $1.85921554669 \times 10^{-6}$ |
| $2.78777669034 \times 10^{-6}$ | $4.18019870272 \times 10^{-6}$ | $6.26794044911 \times 10^{-6}$ | $9.39858833064 \times 10^{-6}$ |
| $1.40925408889 \times 10^{-5}$ | $2.11312291505 \times 10^{-5}$ | $3.16846342900 \times 10^{-5}$ | $4.75093313246 \times 10^{-5}$ |
| $7.12354794719 \times 10^{-5}$ | $1.06810848460 \times 10^{-4}$ | $1.60146590551 \times 10^{-4}$ | $2.40110903628 \times 10^{-4}$ |
| $3.59981158972 \times 10^{-4}$ | $5.39658308918 \times 10^{-4}$ | $8.08925141201 \times 10^{-4}$ | $1.21234066243 \times 10^{-3}$ |
| $1.81650387595 \times 10^{-3}$ | $2.72068483151 \times 10^{-3}$ | $4.07274689463 \times 10^{-3}$ | $6.09135552241 \times 10^{-3}$ |
| $9.09940027636 \times 10^{-3}$ | $1.35660714813 \times 10^{-2}$ | $2.01692550906 \times 10^{-2}$ | $2.98534800308 \times 10^{-2}$ |
| $4.39060697220 \times 10^{-2}$ | $6.39211368217 \times 10^{-2}$ | $9.16763946228 \times 10^{-2}$ | $1.28368795114 \times 10^{-1}$ |
| $1.73241920046 \times 10^{-1}$ | $2.19830379079 \times 10^{-1}$ | $2.51193131178 \times 10^{-1}$ | $2.32380049895 \times 10^{-1}$ |
| $1.17121080205 \times 10^{-1}$ | $-1.17252913088 \times 10^{-1}$ | $-3.52148528535 \times 10^{-1}$ | $-2.71162871370 \times 10^{-1}$ |
| $2.91134747110 \times 10^{-1}$ | $3.17192840623 \times 10^{-1}$ | $-4.93075681595 \times 10^{-1}$ | $3.11223091821 \times 10^{-1}$ |
| $-1.36044122543 \times 10^{-1}$ | $5.12141261934 \times 10^{-2}$ | $-1.90806300761 \times 10^{-2}$ | $7.57044398633 \times 10^{-3}$ |
| $-3.25432753751 \times 10^{-3}$ | $1.49774676371 \times 10^{-3}$ | $-7.24569558272 \times 10^{-4}$ | $3.62792644965 \times 10^{-4}$ |
| $-1.85907973641 \times 10^{-4}$ | $9.67201396593 \times 10^{-5}$ | $-5.07744171678 \times 10^{-5}$ | $2.67510121456 \times 10^{-5}$ |
| $-1.40667136728 \times 10^{-5}$ | $7.33363699547 \times 10^{-6}$ | $-3.75638767050 \times 10^{-6}$ | $1.86344211280 \times 10^{-6}$ |
| $-8.71623576811 \times 10^{-7}$ | $3.61028200288 \times 10^{-7}$ | $-1.05847108097 \times 10^{-7}$ | $-1.51569361490 \times 10^{-8}$ |
| $6.67633241420 \times 10^{-8}$ | $-8.33741579804 \times 10^{-8}$ | $8.31065906136 \times 10^{-8}$ | $-7.53457009758 \times 10^{-8}$ |
| $6.48057680299 \times 10^{-8}$ | $-5.37558016587 \times 10^{-8}$ | $4.32436265303 \times 10^{-8}$ | $-3.37262648712 \times 10^{-8}$ |
| $2.53558687098 \times 10^{-8}$ | $-1.81287021528 \times 10^{-8}$ | $1.20228328586 \times 10^{-8}$ | $-7.10898040664 \times 10^{-9}$ |
| $3.53667004588 \times 10^{-9}$ | $-1.36030600198 \times 10^{-9}$ | $3.52544249042 \times 10^{-10}$ | $-4.53719284366 \times 10^{-11}$ |